抗

美肤术

来自

医的『驻颜美肤术』

〔日〕牧田善二 著

曾妙妙 译

江苏凤凰文艺出版社
JIANGSU PHOENIX LITERATURE AND
ART PUBLISHING

陪 伴 女 性 终 身 成 长

抗糖美肤术

[日]牧田善二　著

曾妙妙　译

江苏凤凰文艺出版社
JIANGSU PHOENIX LITERATURE AND
ART PUBLISHING

前　言

　　各位读者好，我是牧田善二，一位专门从事糖尿病研究的医生，同时也对导致肌肤老化、糖尿病并发症、阿尔茨海默病和骨质疏松症等各类病症的晚期糖基化终末产物——AGEs①进行了长达38年的研究。1991年，我率先找到在血液中测量AGEs值的方法，并将这个方法推广到了世界各地。

　　进入21世纪以来，大家逐渐认识到，肌肤产生皱纹、色斑、暗沉和松弛等随着年龄增长而出现的问题，最大的原因正是AGEs。化妆品行业也关注到了这点，全球很多化妆品公司都相继对AGEs与肌肤老化之间的关系展开了研究，并发表了不少研究成果。

注：①Advanced Glycation End Products，简称AGEs。

在本书中，我将为读者简单明了地解读肌肤老化的最新医学研究，并为读者提供大量有关先进的"肌肤医学"方面的信息。

　　从医学角度出发，用正确的抗衰老知识帮助女性保持年轻、保持美丽——这是我创作本书的初衷。

　　人的肌肤以40至50天为一个周期不断地更新。关于肌肤的研究也是日新月异。任何时候想要让肌肤变美都不算晚。因此，从现在开始，重新认识护肤，科学护肤，肌肤就能保持年轻，越变越好。

　　皮肤状态是健康的晴雨表。皮肤是人体最大的器官，只要皮肤没有老化，就可以说其他器官也没有老化。有没有做好肌肤的抗衰老工作，决定着一个人看起来比实际年龄年轻10岁，还是比实际年龄老10岁。这整整20岁的差距还是很大的。

希望通过本书，可以让更多的人知道——抗糖能给肌肤带来巨大的变化，也希望更多的人能够拥有美丽、健康的肌肤。

目 录

第1章　什么是抗糖美肤术

第2章　抗糖美肤的正确饮食方法

第3章　抗糖美肤的正确护理方式

第4章　抗糖美肤的正确生活习惯

第5章　抗糖美肤食谱

第 **1** 章

什 么 是

抗 糖 美 肤 术

牧田医生倡导的三大美肤准则

饮食占50%

　　肌肤中累积的AGEs是导致肌肤产生皱纹、色斑和松弛等问题的最大原因，因此要减少通过食物所摄取的AGEs。首先，尽量避免食用通过煎、炸这两种烹饪方法制作的食物，并且在日常饮食中注意减少糖类的摄入。只要养成减糖的饮食习惯，就能拥有美丽的肌肤。

护肤占25%

针对皱纹、色斑、松弛和暗沉等随着年龄增长而出现的肌肤问题，很多知名化妆品品牌的研发中心都积极地进行了研究。正确选择最新的、有效的护肤品是非常重要的。

生活习惯占25%

肥胖同样会给肌肤带来负面影响，因此平时要多运动，保持苗条的身材。另外，不吸烟、积极防紫外线等生活习惯，也是拥有美丽肌肤的基本条件。尝试着从护肤品无法抵达的身体内部开始改善吧。

糖化，是肌肤老化的最大原因

明明每天都在对着镜子护肤，却在某一天突然注意到肌肤的变化。刚发现一个肌肤问题想要解决，又蹦出来另一个肌肤问题……到底从哪里开始改善比较好呢？很多女性一旦过了30岁，就不得不面临之前从未遇到过的肌肤问题，并且往往会感到不知所措。

肌肤之所以会出现这么多问题，其原因都是相同的——那就是肌肤老化。

30岁是一条分界线，过了30岁，每个人的肌肤问题都会有所增加，这些问题都是肌肤老化的表现。既然原因只有一个，那么我们就可以采用"综合抗衰老"这一措施来应对。只要弄清楚自己体内的变化是如何影响肌肤的，就可以避免花费不必要的精力和金钱，轻松抗衰老。

你的肌肤
是否出现了以下征兆?

☐ 皮肤出现整体暗黄

☐ 毛孔纵向扩张

☐ 表情纹很难恢复

☐ 皮肤缺乏光泽

☐ 脸部线条不再清晰

☐ 大范围地长色斑

☐ 皮肤变得敏感、容易发痒

☐ 不管怎么保湿,皮肤都很干燥

☐ 皮肤变粗糙

皮肤的三层结构及其作用

首先，我来为大家介绍一下皮肤的结构。皮肤从外到内分别由表皮层、真皮层、皮下组织这三层结构组成。表皮层的厚度约为0.2mm，从上到下又包括角质层、颗粒层、有棘层和基底层。在表皮层之下的真皮层，厚度大约为1~5mm，是表皮层的5~25倍。最下层的皮下组织储存着脂肪。皮肤是人体最大的器官，重量大约为3kg。

以日式鱼糕为例，我们可以想象粉色部分是表皮层，白色部分是真皮层，鱼糕板的部分是皮下组织。

表皮层由角质蛋白细胞构成，具有保护皮肤、防水的作用。表皮层最深层的基底层细胞还含有能够产生褐色色素的黑色素细胞。这里产生的黑色素能够对抗紫外线，发挥保护肌肤的屏障作用。

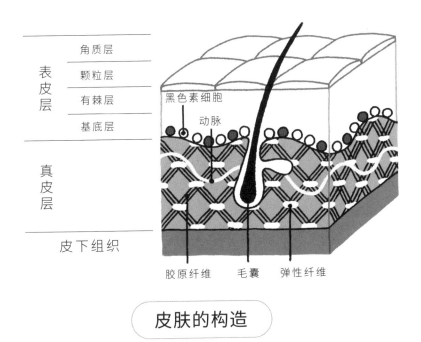

表皮层
　角质层
　颗粒层
　有棘层
　基底层

真皮层

皮下组织

黑色素细胞
动脉

胶原纤维　毛囊　弹性纤维

皮肤的构造

真皮层由胶原纤维、弹性纤维和细胞外间质构成。胶原纤维是从下方紧紧支撑着肌肤形状的支柱，占真皮层的75%。而束缚着这些"支柱"的，就是弹性纤维。胶原纤维和弹性纤维的特点在于有丰富的弹性。尤其是胶原纤维，如同3根细纤维捻在一起的结构，具有相当强的复原能力和韧性。

真皮层下方的皮下组织由脂肪细胞构成，就像身体的缓冲垫，同时也发挥着储藏能量、维持基础体温的作用。

肌肤老化后会有什么变化

随着年龄的增长，由于表皮层、真皮层以及皮下组织的老化，肌肤无法再维持理想的状态，就会发生如下页表格所示的变化。一旦进入30岁，这些变化会给女性带来更多的肌肤烦恼，比如皱纹、色斑、松弛、暗沉和干燥等。

很多知名化妆品品牌的研发中心都长年致力于探究肌肤老化的原因，经过近15年的研究，被认为导致肌肤老化的最大原因逐渐被发现。

肌肤的三层结构都在我们的体内发挥着非常重要的作用，但与女性最关注的肌肤老化现象息息相关的则是表皮层和真皮层。我们的肌肤之所以能够保持水润弹性，主要归功于真皮层的胶原纤维以及弹性纤维的作用。

理想肌肤与老化肌肤的对比

	理想肌肤	老化肌肤
表皮层	嫩滑	粗糙
真皮层	富有弹力	松弛
皮下组织	充盈、丰润	干瘪、松弛

　　因为几乎所有护肤品的有效成分都只能到达表皮层，而表皮层会随着肌肤的新陈代谢（40~50天）而脱落，所以护肤品并不能从根本上解决各种肌肤问题。

　　因此，在使用护肤品对表皮层进行改善的同时，我们也需要从身体内部出发，改善真皮层的状态。

引起肌肤老化的两大原因

肌肤老化的主要原因有"内因性原因"和"外因性原因"两种。

内因性原因是由基因所决定的，也就是说是天生的，后天难以改变。举个例子，通常认为人类的最长寿命在120岁左右，那么即使医学在不断地发展和进步，人类的最长寿命也很难得到进一步的延长。

另一方面，由外因性原因引起的老化是外部环境、生活习惯所导致的，比如紫外线、空气污染等肌肤面临的外在压力，以及不正确的饮食习惯等。这些都是能够通过努力而得到改善的。

也就是说，避免外因性原因所导致的老化，才是我们在日常护肤中要解决的重要课题。以我所积累的知识和经验来看，外因性原因中，饮食习惯占50%，日常护肤占25%，生活习惯占25%。我们应该在这些方面做出改善。

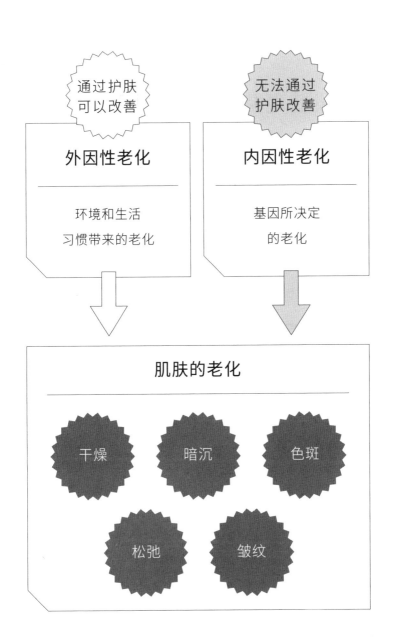

氧化和糖化是外因性老化的主要原因

氧化，是指吸入人体内的氧气转化成对人体细胞有害的活性氧，并在体内不断累积的过程。过去一段时间内，一说到抗衰老，就会关联"抗氧化""肌肤不生锈"等词，而这些词也一度成为抗衰老的关键词。

糖化，是指进入人体内的葡萄糖通过与胶原蛋白等蛋白质结合，产生被称作"晚期糖基化终末产物（AGEs）"的茶褐色物质。很多大型化妆品生产商都在关注糖化问题，并积极地进行着相关研究。2007年，雅诗兰黛研发中心的副社长曾这样说道："40%~50%的肌肤老化问题都是由糖化所带来的AGEs导致的。"

活性氧和AGEs会同时产生。随着年龄的增长，人体抑制活性氧和AGEs的功能也在逐渐衰退，活性氧和AGEs在体内不断累积，从而产生老化现象。

氧化

吸入人体内的氧气中有2%~3%会转化为活性氧，这也是促进AGEs增加的原因！

糖化

蛋白质与糖类结合，发生糖化，从而产生大量的AGEs！

活性氧（ALE）

"脂质过氧化最终生成物"。由体内的脂质被氧化而生成。

AGEs

"晚期糖基化终末产物"。攻击体内的蛋白质，降低其功能。包括羧甲基赖氨酸（CML）、戊糖素、交联素等数十种。

老化！

AGEs与肌肤老化的因果关系

　　为了从科学的角度明确AGEs会给肌肤带来损伤，2007年，世界级化妆品生产商欧莱雅进行了相关研究。将实验参与者提供的皮肤组织进行培养，通过加入糖类制造出AGEs的实验来观察皮肤组织的变化。

　　结果发现，由于糖化反应，胶原纤维中一旦产生AGEs，表皮层就会变厚，而真皮层就会开始萎缩。并且，参与分解胶原纤维的氧增加了近2倍。随着不断地分解，真皮层会变薄，胶原纤维与弹性纤维的弹性就会随之下降。另外，实验还发现，通过加入能够强效抑制AGEs的药物或蓝莓等抗氧化强的食材，肌肤失去弹性的这一变化过程能够得到有效的抑制。也就是说，科学证明肌肤的老化现象和AGEs有着直接的因果关系。改变生活习惯，对肌肤进行日常护理，避免AGEs累积，是延缓肌肤老化、拥有美丽肌肤的唯一方法。

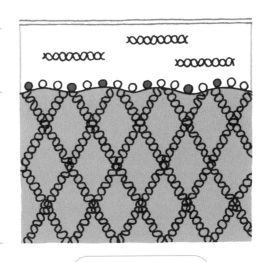

表皮层薄

真皮层厚

胶原纤维起到
良好的支撑作用

理想肌肤

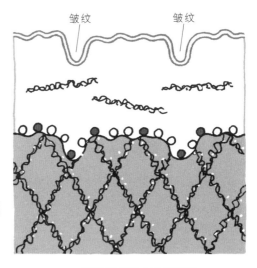

表皮层厚

真皮层萎缩

胶原纤维无法起到
支撑作用

老化肌肤

皱纹、松弛也源于AGEs

AGEs不仅会分解真皮层的胶原纤维，更会对胶原纤维和弹性纤维所组成的立体结构产生直接的伤害。

胶原纤维是由3根细纤维捻在一起的类似弹簧的结构，具有相当强的复原能力和韧性。而AGEs则紧紧地贴在这些纤维上，变成了纤维与纤维之间的"隔离栏"。于是，原本如弹簧一般的胶原纤维变得无法再伸缩自如。同时还失去了韧性，就很容易断裂。

此外，皮肤和血管上一旦产生AGEs，巨噬细胞便能立刻识别到出现在表面的AGEs的受体，继而消灭AGEs。这时候所产生的炎症反应会破坏血管和皮肤的立体结构，这也是肌肤和血管老化的一大原因。

失去弹性的肌肤会变得松弛，复原能力也随之下降，而且皱纹一旦产生就很难消除了。

胶原纤维与AGEs

理想的胶原纤维

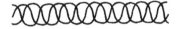 正常状态

收缩状态

（拉伸后）延展状态

老化的胶原纤维

AGEs

没有弹力不会收缩

拉伸后就会断裂

色斑、暗沉与AGEs之间的密切关系

色斑的颜色就是AGEs的颜色。AGEs进行的反应被称为"美拉德反应",又名"非酶棕色化反应"。随着AGEs增多,肤色就会变得暗沉。表皮层的AGEs会促进黑色素细胞生成黑色素,导致色斑加剧。此外,表皮层的AGEs一旦累积起来,就会阻碍肌肤细胞的新陈代谢,导致黑色素难以排出。并且,AGEs一旦增加,肌肤就会失去通透感,变得发黄、黯淡,也就是我们平日里常说的"皮肤暗黄"。

2009年,日本宝丽(POLA)研发中心通过研究证明了导致"皮肤暗黄"的原因并非黑色素,而是肌肤中累积的AGEs[1]。该研究揭示了抗AGEs的重要性。

注:①论文出处:Skin Res Techno15, 496-50, 2009

通过改善饮食结构、生活习惯以及日常保养方式对抗AGEs

　　2009年，欧莱雅集团的研发中心召集了20名55岁以上的女性糖尿病患者，每天在她们的脸上、手上和手腕处涂两次能够有效抗糖的蓝莓提取液。实验持续12周后，发现20名参与实验的女性的皮肤有明显的改善，包括皱纹、法令纹、肤色、皮肤光滑度、色素沉着和肌肤湿润度等。

　　根据最新的研究发现，40岁之前肌肤中的AGEs含量往往和肥胖度成正比，而到了40岁以后，肌肤中的AGEs含量就和年龄成正比了。也就是说，40岁之前，越胖的人体内含有的AGEs越多。减少体内堆积的脂肪，是让肌肤保持年轻的秘诀。过了40岁，无论胖瘦，每个人体内的AGEs都会随着年龄的不断增长而增多，因此抗AGEs是大家共同的课题。改善饮食结构和生活习惯，使用抗AGEs的护肤品，都是很有必要的。

Column
01 抗糖是一场持久战

　　根据最新的蛋白质寿命的测算方法可得出，胶原蛋白在肌肤中的寿命是14.8年，而在关节软骨中竟然能存活117年之久！蓄积在此的AGEs，在这期间都是无法消除的。

　　也就是说，一旦AGEs蓄积在了关节软骨中，有生之年都无法让其减少。但是，肌肤中的AGEs仅有不足15年的寿命，假设我们现在是30岁，那么蓄积在肌肤里的AGEs会一直残留到45岁。也就是说，从现在开始积极采取应对措施，肌肤是可以发生显著变化的。

　　有一种叫作"氨基胍"的药物可以用来预防AGEs的蓄积，与此同时，具有与"氨基胍"相同功效的成分也在不断地被发现。

　　我是专门研究糖尿病的医生。为了治疗糖尿病，我的一些患者严格执行着减糖、抗糖化的生活习惯，坚持3个月之后就能发现体内的AGEs数值有了显著的减少。哪怕只是坚持一两周，也能感觉到身体上的变化。

第 **2** 章

抗糖美肤的
正确饮食方法

抗糖美肤的三大饮食法则

不吃高温烹制的食物

在抵抗导致肌肤皱纹、色斑的AGEs时，有一类食物一定要尽量避免，那就是高温烹制的食物。因为食物一旦经过高温烹制，AGEs数值会急剧上升。烤焦、烧煳的食物更要避免。接近食物原本的状态，是最理想的。

尽量减少糖类的摄入

我们通过食物摄取的糖类，会在体内引起糖化反应。减少糖类的摄取，是抗AGEs的第一阶段。甜点就不用说了，米饭、面包等主食，以及根茎类蔬菜、薯类中所含的糖类，我们都要多加注意。

适量饮用葡萄酒

有很多朋友认为喝酒会有损健康，更会导致皮肤状态变差，但其实只要注意酒的种类、饮用的量以及饮用的方法，就能够有效对抗AGEs。我特别推荐葡萄酒，尤其是干型白葡萄酒，具有瘦身等功效。

从减糖饮食到抗AGEs饮食

如果你很在意肌肤的状态，那么除了减糖，我还推荐在日常饮食中采用抗AGEs的饮食方式。有一些食材或食谱既能够满足减糖的需求，又能够满足抗AGEs的需求，但是也有的食材或食谱只能满足其中一项需求。比如炸鸡块、烤串、再制干酪等食物被认为是减糖的优质食物，但是如果我们同时考虑抗AGEs，就要尽量避免。

首先，在日常的饮食中要注意减少高AGEs食物的摄入，这是最重要的。我们用"KU①"这个单位来表示AGEs的含量，而每日的AGEs摄入量应该在10000KU以下。我在后文第99至101页为大家归纳整理了各类食物的AGEs含量，以供参考。

另外，还要适当增加具有抑制AGEs效果的香辛料和具有抗衰老效果的抗氧化食物的摄取。

注：①KU是Kiro Unit的简称，是表示AGEs含量的基本单位。

NG 低糖、高AGEs的食物

炸鸡块	黄油
烤串	再制干酪
烤猪肉	加工肉
热牛奶	（培根、火腿、香肠）

OK 低糖、低AGEs的食物

马苏里拉奶酪	酸奶
刺身	水煮鸡肉

低糖、低AGEs、抗氧化的食物

葡萄酒	醋	柠檬汁

抗AGEs的食物

醋	生姜	姜黄
柠檬汁	肉桂	香草
大蒜	马郁兰	

※青背鱼类不仅AGEs含量低，还含有DHA、EPA等多种对血液有益处的成分，可以说是抗衰老的最佳食材。

高糖饮食会增加AGEs

人体内发生的糖化反应，主要是由我们通过饮食所摄取的糖类引起的。糖类不仅存在于甜食中，米饭、面包、意大利面等碳水化合物中也含有大量的糖类。虽然碳水化合物是人体的主要能量来源，但我们实际所需要的量其实并不大，超额摄取的量都会转化为脂肪囤积在体内，同时还会在体内产生大量的AGEs。

肌肤中的胶原蛋白和进入体内的葡萄糖结合，从而产生了AGEs。25岁之后，这个反应会以每年约3.7%的增速增长。增长速度恰好和我们在饮食中摄取的糖类以及食物中的AGEs含量成正比。

也许有很多朋友会问："如果不摄取糖类，大脑会不会缺乏营养？"实际上，现代人通过食物已获取了足量的糖类。尤其是亚洲人，主食丰富的饮食习惯让我们在平时的饮食中就已经摄入了必要的糖类。

要警惕这些高糖食物

白米饭、面包等主食

亚洲人最喜欢的碳水化合物类主食，尤其需要注意不要过度摄取。除了面粉、大米，看似健康的糙米、荞麦粉中其实也含有较多的糖类，千万不可大意。

带甜味的调料

以白砂糖为首，味啉等调料都是"含糖大户"。做菜时须注意这些调料的用量。我们可以从食物本身获取维持身体机能所必需的糖类。实在需要增加菜品甜度的话，再适当加入这些人工甜味剂吧。

根茎类蔬菜

不同的蔬菜中含糖量各不相同。土豆、莲藕、胡萝卜等根茎类蔬菜含糖量较高。适当地食用是没有问题的，注意不要过量，偶尔也可作为主食。

点心类

制作甜点时一般会使用大量的白砂糖。尤其需要注意的是日式甜点。乍一看好像很健康，但有些搭配，比如年糕和红豆，就是碳水化合物和糖类的高糖组合。

改变高糖的饮食习惯

一旦开始注意到每日的糖类摄取量，就很容易发现自己平时的饮食中有多少高糖食物。对于很多读者朋友来说，即使能够忍住不吃含糖量高的点心、面包等，但要严格控制主食的摄入量，的确不是一件易事……

成年女性每日的糖类摄取量控制在110g以下是比较理想的，但是一碗米饭大约含有55g的糖类，一人份的乌冬面大约含有53g的糖类，可见主食的含糖量之高。

接下来，我将为大家介绍一些减糖饮食的小妙招。

容易一不小心就吃太多米饭、面包的朋友可以通过增加绿叶蔬菜来获取满足感。喜欢吃面食的朋友，只要不是每餐都吃很多，也是没问题的。如果打算严格进行减糖饮食，那么我推荐用魔芋丝来代替面条。如果是擅长做菜的朋友，也可以尝试用含糖量低的大豆粉自制意大利面。

在便利店选购时，比起带有米饭或者面条的套餐，最好选择单品。很多单品都会标明碳水化合物以及含糖量，选购时请多加注意。

　　在选择调料时也要多加注意，色拉酱、蜂蜜、甜面酱、味啉等都是含糖量高的调料，使用时要适当减少用量。最近市面上也出现了很多低糖的调料，大家不妨试一试。酱油、味噌等调料也会产生AGEs，因此调味时最好只放盐和黑胡椒粉，但如果只是像吃刺身时那样会用到极少量的酱油，也无须过分担心。

　　另外，日本人最喜欢的寿司一般都会给人一种很健康的感觉，但加了醋的寿司米饭其实含有不少糖分，因此如果在一餐中吃了很多寿司，那就是高糖饮食了。

抗糖美肤，烹饪方法也很重要

一旦我们开始意识到要抗AGEs，那么在烹饪方法上也不得不花些心思。比如照烧是把白砂糖和蛋白质结合起来然后使其变焦，这种烹饪方法是要尽量避免的。相似的烹饪方法还有烤（烤鸭）、蒲烧（蒲烧鳗鱼）等，也是要尽量避开的。

AGEs可以细分为几个种类，其中尤其可怕的是有致癌性的丙烯酰胺。薯片和薯条中往往含有大量该物质。

加热时间越长、烹饪温度越高，产生的AGEs就越多，因此最好让食物尽量保持半熟的状态。以鸡肉为例，比起生鸡肉，炸鸡的AGEs含量增加了近10倍。

无论我们如何精心地挑选食材，一旦用错了烹饪方法，对肌肤就会产生很大的影响。微波炉烹饪也会导致AGEs增加。

如果是肉类，比起炸鸡块、烤牛排，水煮鸡肉、意式薄切生牛肉则更合适；如果是鱼类，比起烤鱼、照烧鱼块，刺身则更合适。

当犹豫不决、不知道该吃什么的时候，请记住以下几点：尽可能地选择低糖的食物，尽量不要吃茶褐色的食物，

AGEs含量因烹饪方法不同而不同

鸡肉90g

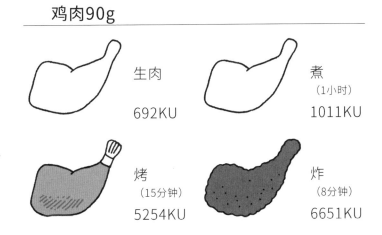

生肉

692KU

煮
（1小时）

1011KU

烤
（15分钟）

5254KU

炸
（8分钟）

6651KU

尽量不吃高温烹饪的食物。

　　我们可以把AGEs含量不超过1000KU的食物视为低AGEs食物。即使放久了，AGEs的含量也不会有太多的增长，因此可以提前做好，随时食用。

合理的一日三餐更利于保持年轻

不吃早饭，容易在吃午饭的时候导致血糖值急速上升，从而引起细胞的糖化。上午最好能够充分摄取B族维生素、维生素C等营养素，它们具有抗糖、提高代谢、抵御紫外线等效果。日式或中式早餐往往以米饭、粥、面条为主，含糖量较高，因此我比较推荐以面包为主的西式早餐。面包最好不要烤制，选择全麦低糖面包或法棍面包。食用鸡蛋时，比起煎蛋，更推荐大家吃水煮蛋。

另外，经常出现在午餐食谱中的荞麦面、乌冬面其实也是"糖类大户"。比较推荐大家选择含有一份主食、一份沙拉、一份主菜的西式套餐。在选择主食的时候，要对含糖量高的米饭、面包的摄入量进行调节，比如只吃一半。晚餐一定要尽量控糖。睡前摄取太多糖分很难消化，就会蓄积在体内。早餐、午餐、晚餐的糖类摄入比例以3∶5∶2为佳。

餐后立即吃甜点是抗衰老大忌

对于很多甜食爱好者来说，控糖的饮食生活可能会让他们感到十分痛苦。特别想吃甜食的时候，请一定要在饭后隔一段时间，当成小零食来吃。如果饭后立刻吃甜点，血糖值会瞬间上升，体内开始进行糖化反应。

另外，并不是含有水果、蔬菜的食物就一定是好的。例如，把苹果焦糖化而制成的苹果挞，其AGEs的含量是很高的。在蛋糕类中，我比较推荐半熟芝士蛋糕，它使用的是奶油芝士等熟成度较低的芝士，AGEs的含量相对较少，并且没有经过高温烹饪。最近，市面上也出现了越来越多的低糖或无糖甜点，大家可以试试看。

如果想要自制甜点，可以尝试使用能够抑制AGEs的香辛料或香草来调味，或者直接使用已经做过减糖处理的人工甜味剂，但人工甜味剂也不宜摄入过多。

纯素食反而会增加AGEs

在对AGEs的研究中，有数据显示，素食主义者体内的AGEs含量更多。不吃肉类、鱼类、鸡蛋等动物性食品的话，相应地就会摄取更多的根茎类蔬菜、薯类等高糖食物。再者，在烹饪时往往会用炸、烤等高温烹饪方法来丰富口感、增加饱腹感，即使是蔬菜，AGEs含量也大大增加。另外，若长期采取纯素食的饮食方式，体内往往会缺少对于细胞和肌肉修复来说必不可少的蛋白质，很容易让肌肤失去弹性和光泽。

为了让肌肤保持健康，我推荐大家尽量选择烹饪温度不超过46℃的"生食"。尽量选择低糖且富含维生素的绿叶蔬菜，动物蛋白也需要适量摄取。一些需要通过烹饪处理来达到杀菌目的的肉类，可以选择加热温度较低的焯、蒸、煮等烹饪方法。

吃进去的胶原蛋白无法打造出水嫩、有弹性的肌肤

为了达到美肤的效果，不少读者朋友会通过吃鸡翅、猪蹄等富含胶原蛋白的食物或者饮用胶原蛋白饮料来补充胶原蛋白。但遗憾的是，胶原蛋白在人体内会被氨基酸分解，即使通过食物获取了胶原蛋白，也无法到达肌肤层面。因此，吃进去的胶原蛋白是无法帮助肌肤变得水嫩、有弹性的。想要让肌肤变水嫩，关键得多喝水。肌肤的每一个细胞都需要水分，多喝水，让细胞内的水分保持新鲜才是最重要的。

体内残留的葡萄糖会通过血液进入血管内，如果不及时更换水分，葡萄糖的浓度就会变高，和蛋白质、脂肪相结合而转换成AGEs的概率也会变大。每天喝2L水，能够降低血糖值，提高身体代谢。

水果，吃少量就好

很多人可能都有这样的习惯：认为水果里含有丰富的维生素，对肌肤有好处，于是就吃大量的水果。食用水果的确能够补充具有抗糖作用的维生素C，这也确实很重要。比如，在吃早餐时适量食用一些当季水果，既能够摄取膳食纤维，又能避免早餐后血糖值的急速上升。

但如果食用大量的水果，也会导致果糖摄取过量。相较于葡萄糖，果糖更容易转换成AGEs，因此，一定要减少或避免过量食用高糖水果。有些人为了达到美肤的效果，会将大量水果榨成容易饮用的水果汁，但这样的处理方式不仅会导致无法摄取膳食纤维，还会摄取过量的果糖。

因此，食用水果的时候，尽量不要榨汁，并且在早上食用是比较好的。这样不仅能促进体内废物的排出，提升身体代谢，还能预防紫外线。

蔬菜和水果中富含的膳食纤维除了能够调整肠道环境，还能促进人体激素的生成，抑制糖类的吸收，具有非常高的营养价值。另外，维生素C具有抑制AGEs、促进胶原蛋白合成

水果的AGEs值（100g）

苹果——13KU　　　　香蕉——9KU

烤苹果——45KU　　　蜜瓜——20KU

的作用，是保养肌肤不可或缺的成分，因此可每日适量摄取。

　　在我们家，每天早上会少量食用橙子、橘子、猕猴桃等水果，同时饮用能够抑制AGEs的豆浆。

营养补充剂能够延缓肌肤老化

随着物质生活水平的提高，现代人普遍认为，虽然很少有营养明显不足的情况存在，但补充一些营养素似乎更有利于身体健康。另外，如果只通过饮食来补充营养，由于食物里也会存在一些人体并不需要摄取的其他成分，所以会比较难控制。

当然，也会有人说："营养只要通过食物来摄取就足够了。"我的观点是，通过营养补充剂来适量地补充营养不失为一种不错的选择。只是在挑选时一定要注意看成分表。尽量不要选择有效成分含量少、碳水化合物含量多的以及含有很多香料等各种添加剂的产品。

如果要想改善皱纹、松弛等肌肤问题，可以选择具有抗AGEs效果、延缓肌肤老化的营养补充剂，这些营养补充剂能够帮助我们的肌肤和血管重获弹性。

牧田医生推荐的美肤营养补充剂

☐ 维生素B_1　　　☐ 银杏叶精华素

☐ 维生素B_6　　　☐ 辅酶Q10

☐ 维生素C　　　　☐ DHA

☐ 肉桂　　　　　　☐ EPA

人体内的水溶性物质在不断地排出，摄取维生素类可以起到补充的作用。尤其是维生素B_6，具有抑制AGEs的作用，因此备受关注。肉桂具有降低血糖值的效果，银杏叶精华素能够改善大脑供血，且具有抗氧化的作用。辅酶Q10、DHA以及EPA也都具有很好的抗衰老效果。

注意每天喝的饮料中的AGEs含量

液体中所含的糖类是所有糖类中性质最恶劣、最容易被人体所吸收的，因此一定要特别注意，尽量避免。

市面上有些100％纯果汁饮料给人一种满满都是维生素C的感觉，但其实这些饮料对肌肤来说是非常危险的。不仅果糖含量高，还含有防腐剂等食品添加剂。维生素饮料也有很多含糖量高的，请务必多加注意。

热可可最近因为被认为具有美容功效而备受关注，而实际上，加了糖的热可可每250ml的AGEs含量高达656KU。炸薯条被称为"AGEs大户"，每100g自制薯条的AGEs含量高达694KU。由此可见，加了糖的热可可中AGEs含量有多高！

顺便提一下，咖啡冲泡好后要尽快喝掉，不要放在加热杯垫上一直加热。因为食物长时间处于加热状态，其AGEs的含量也会增加，这点要引起注意。罐装咖啡就更加可怕了，简直就是"糖水"。

饮料的AGEs含量（每250ml）

热可可（加白砂糖）	656KU
苹果汁（瓶装）	5KU
橙汁（瓶装）	14KU
咖啡（滴滤式、无糖）	4KU
咖啡（速溶、无糖）	12KU
咖啡（放置1小时后、无糖）	34KU
可乐	16KU
红茶	5KU

　　我比较推荐的饮料是绿茶和豆浆。绿茶中富含的儿茶素具有抑制AGEs的效果。豆浆含糖量低，且含有和雌激素效果相同的大豆异黄酮，是理想的抗衰老佳品。

适量饮用葡萄酒有助于美肤

经常会听到这样的说法：酒是美容和健康的大敌。理由就在于酒的含糖量和酒精度数。

过量饮用日本酒、啤酒等含糖量高的酒类，多余的糖分会在血液中转换为脂肪，皮脂分泌量也会增加。这会导致肥胖，同时也会导致AGEs的增加。另外，如果经常饮用威士忌、烧酒等酒精度数较高的酒类，则会给肝脏带来很大的负担，造成新陈代谢变缓，同时也有引发食管癌、胃癌的风险。

然而，酒精本身就含有能够抑制AGEs的成分。1999年，一篇名为《酒精变化为乙醛，能够抑制52%AGEs的产生》的论文[1]问世。人体内的糖化反应是由一种叫作"氨基"的物质与葡萄糖结合而产生的，饮酒后，进入人体的酒精里的乙醛会抢先和氨基结合，从而能够阻止糖化反应。

那么，到底什么样的酒有益于健康和美丽呢？答案就是

注：①论文出处：proc Natl Acad Sci U.S.A. 1999:96:2385-90

葡萄酒。葡萄酒的酒精度适中，一般在13％~14％之间。通过让葡萄发酵这种自然的方式酿成的酒，可以说是人类能够较无负担地轻松吸收的酒类。既能抗糖化又能抗氧化，还富含抗衰老成分。

红葡萄酒因含有白藜芦醇、儿茶素、槲皮素等成分，能够抑制80％的AGEs。它同时也是能够预防动脉硬化的饮品。而白葡萄酒，则有相关医学论文（2004年）表明其有减肥效果。此外还具有杀菌、抗氧化的效果，可以称得上是让肌肤保持青春活力的好伙伴。另外，白葡萄酒对于骨质疏松以及大肠癌的预防效果也不容小觑。

相信有很多朋友对于喝酒会导致水肿这种情况比较在意。其实只要在饮用方式上下点功夫，饮酒后就不会导致水肿了。我将在下一节内容中为大家介绍葡萄酒的正确饮用方式。

有助于美肤的葡萄酒饮用法

由于葡萄酒中也含有少量的糖类，不论是红葡萄酒还是白葡萄酒，都要选择含糖量少的干型葡萄酒。女性一天喝150ml左右，控制在1~2杯是比较适宜的。德国的一项研究表明，每天喝1~2杯白葡萄酒，2个月能够减重1kg。

不太能喝酒的朋友，可以试试一边喝酒一边喝水，交替进行。尤其是白葡萄酒具有利尿的作用，因此非常建议容易水肿的朋友试试。能喝酒的人多喝一点也没有关系，但要注意多喝水。另外，搭配葡萄酒的下酒菜也要挑选一些AGEs值低的食物，这才是有助于美肤的正确饮酒方式。

我们夫妻二人为了减肥，每天晚上都会喝一点白葡萄酒。同时也会保证1L的饮水量。在充分利用葡萄酒的抗衰老效果的同时，降低血液中的酒精浓度，保证酒精不在体内留存至第二天。

具有美肤功效的酒类排行

葡萄酒（干型）

含糖少的干型葡萄酒，和水一起饮用最佳！

葡萄酒（甜型）

甜型葡萄酒含糖量高，因此要特别注意。饮用时，务必控制饮用量。

烧酒

除葡萄酒之外，蒸馏酒比酿造酒更好。兑水饮用更佳。

威士忌

直接饮用高浓度的威士忌，会增加内脏的负担。最好是兑水或加冰块降低酒精浓度后再饮用。

日本清酒

日本清酒是由大米制成的，因此含糖量较高。但由于富含氨基酸，具有一定的美肤效果。

啤酒

聚会时总少不了啤酒，但啤酒是含糖量最高的酒类，为了肌肤和健康着想，要谨慎饮用。

如何判断葡萄酒中的含糖量呢?除了看食品成分表外，从口感上也能做出判断。甜型葡萄酒中的含糖量都比较高，尤其是起泡酒、香槟酒等，应尽量避免或者少喝。干型葡萄酒则无须过分担心含糖过高的问题。

橄榄油是美肤小助手

很多人为了变美，平时会尽量避免摄入脂肪，但其实30岁以上的女性应该积极摄取优质的油脂。

在种类繁多的食用油中，我尤其推荐橄榄油。橄榄油在高温下也不会氧化，且其所含的不饱和脂肪酸能让皮肤的细胞膜保持弹性，同时还具有抗氧化、抗炎症的作用，能让我们的肌肤更加柔软、有光泽。除此之外，橄榄油还具有预防动脉硬化、促进肠道功能的效果。摄入适量的不饱和脂肪酸，还能抑制血糖值上升，可以说是有利于瘦身、美容、健康的"万能选手"。如果是新鲜的特级初榨橄榄油，可以每天食用小酒杯1杯左右的量。

也许有些读者朋友会提出这样的疑问："摄取油脂脸上不是会长痘痘吗？"实际上，引起长痘的皮脂并非来自我们摄入的油脂，而是来源于碳水化合物转化成的甘油三酯。近年来，甘油三酯由于"代谢综合征"的流行而备受关注，它不仅存在于体内，还会通过皮肤向外排出，因此容易引起长痘等肌肤问题。对于30岁以上的女性来说，比起油脂，碳水化合物（糖类）对肌肤状态的影响更大。

在此，我想提醒大家需要特别注意的一类油脂——人造黄油、起酥油等反式脂肪酸。反式脂肪酸是为了防止氧化而经过加工的油，虽然有一些反式脂肪酸热量并不算高，但经研究发现，反式脂肪酸对身体有害，容易引起心脏病等疾病。

我家做菜用的都是氧化较少的低温榨取的初榨橄榄油。每餐都会用到，为了防止油变质，买一个容量较小的容器来分装，也是一个厨房小巧思。吃沙拉、刺身、豆腐时都可以加一点橄榄油。

用柠檬和醋来降低AGEs

柠檬和醋简直就是抗AGEs的"救世主"。从抗AGEs的角度来说，烧烤这种烹饪方法是一定要避免的。相较于生的食材，经过烧烤后的食材的AGEs数值可能会变为原来的5倍。然而，有研究结果显示，如果在烧烤之前先用柠檬汁、醋等酸性物质浸泡食材，即可让AGEs的含量减半。

肥肉的热量很高，但是含糖量低，因此不会导致AGEs的产生。一般来说，热量和AGEs含量没有直接的关系。

当然，生的食材和柠檬、醋等组合在一起是最佳的。生鱼片蘸柠檬汁或醋的搭配可谓"抗AGEs最强食谱"。

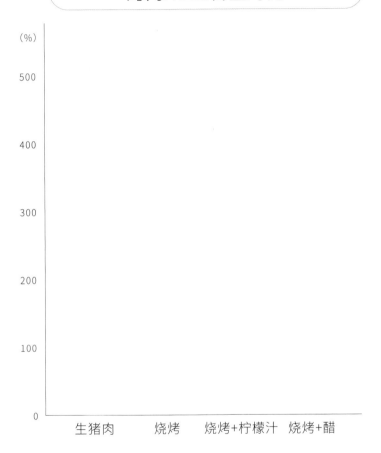

直接烤肉和用酸性物质浸泡后的
烤肉AGEs含量对比

上图显示的是以生猪肉为标准,在其他烹饪方法下AGEs含量的变化。

烧烤后AGEs含量会变为原来的5倍,如果用柠檬汁或醋浸泡食材之后再烧烤,AGEs值则会减半。

(参考文献:The AGE-Less Way)

嘴馋了就选择巧克力和坚果

饿了就忍着，到吃饭的时候再大吃一顿，这是一种非常不利于控制血糖的做法。我推荐随身携带一些巧克力和坚果，既方便，又能在出门在外饿了的时候随心享用。两者都富含能够减少AGEs含量的物质——多酚。

尤其是可可含量较高的巧克力，多酚的含量也会更高。需要注意的是如何挑选巧克力。普通的牛奶巧克力可可含量较少，含糖量却相对较高，应该尽量不吃。要吃的话就要选择可可含量在70%以上的黑巧克力。

女性每天都要摄取大豆

正如我在上一节中提到的，多酚具有减少AGEs含量的作用。因为美容功效而被大家所熟知的大豆异黄酮也有着和多酚同样的功效，因此大豆也是抗AGEs的绝佳食材。不仅如此，大豆还富含具有抗糖化、降低AGEs值的维生素B_1。

由于大豆异黄酮和雌激素具有相似的作用，还能够改善肤色暗沉等问题。多食用豆腐、纳豆等大豆制品，且平时可以用豆浆代替牛奶来饮用。但是一定要注意尽量不加糖。我经常会在200ml的无糖豆浆中加入一勺抹茶粉，自制成抹茶豆浆。将普通的绿茶茶叶研磨成粉状即可当成抹茶粉使用。

Column 02 头发分叉、脱落等问题也源于糖化

"最近头发总是分叉，打理起来很费时间！"

"以前还会因为发量太多而感到困扰，最近头发掉得厉害，变得越来越秃了……"

有这些烦恼的朋友，可以考虑开始采取抗AGEs对策了。随着年龄的增长，除了头发会变白，我们还会面临很多头发方面的烦恼。比如，头发变细、变脆弱、变卷曲以及脱发问题越来越严重等。而发根部分的肌肤糖化，就是产生这些头发问题的原因之一。

另外，头发本身就是蛋白纤维，一旦糖化就会产生AGEs，对自身产生损伤。因此抗AGEs其实也有助于护理头发。

同样的，指甲上出现竖纹、分层、变得凹凸不平，眼白变黄、眼睛变小，以上问题可能都源于AGEs。大家一定要意识到，AGEs所导致的不仅仅是肌肤问题，而是我们外表所体现出来的各种老化现象。

第 **3** 章

抗糖美肤的
正确护理方式

抗糖美肤的三大护理法则

1 尽量避免或减少摩擦肌肤

给肌肤施加物理压力，容易造成皱纹、松弛等问题。一般来说，眼角、嘴角等表情肌肉活跃的地方容易出现皱纹。摩擦会让肌肤受到进一步拉扯，一定要多加注意。美容院的按摩以及美容滚轮仪器更要敬而远之。

挑选抗AGEs的护肤品

　　针对暗沉、色斑等表皮层的肌肤问题，抗AGEs成分是有效的。使用40天左右就能够看到效果。购买时应注意查看成分表，网购更要提前做好功课。

尽可能避开紫外线

　　众所周知，紫外线是AGEs增加的重要原因。紫外线给肌肤带来的伤害被称为"光老化"。近年来，由于臭氧层持续遭到破坏，紫外线给肌肤带来的负担越来越重。现在开始，积极地采取防紫外线措施来对抗光老化吧。

通过成分和结构来挑选护肤品

皱纹、松弛、干燥等肌肤老化问题，实际上是因为角质层、颗粒层、有棘层和基底层所构成的表皮层，以及表皮层之下的真皮层发生了变化。真皮层有很多重要的作用，比如保持肌肤的弹性、分泌皮脂从而保持肌肤湿润、排出汗液从而维持体温、保持头发的状态等。而胶原蛋白占真皮层的75%之多，如果胶原蛋白中产生了AGEs，肌肤就会渐渐失去弹性，产生皱纹，变得松弛。

嘉娜宝化妆品的研发中心于2011年发表了一份喜人的研究报告。肌肤的皱纹、色斑等问题的确源于AGEs，但研究结果表明，不仅仅是真皮层，表皮层也存在大量AGEs，并且随着年龄增长会越来越多。研究报告还明确了只要抑制表皮层的AGEs，就能够实现抗衰老。

如今，世界各国的化妆品厂商将目光聚焦在了抗氧化、抗糖化，尤其是抗AGEs方面，都在积极研发能够实现抗衰老的基础化妆品。若想提升肌肤状态，还需要确保这些具有

抗AGEs、抗氧化等效果的成分能够渗透到肌肤里，这一点
至关重要。

我们在挑选护肤品的时候，最应该关注的不是质地、
香味，而是成分表。价格也不应该成为判断的标准，关键是
看含有哪些成分。如果一个护肤品含有经过医学证明的抗
AGEs成分，即使价格高昂也值得购买；相反，如果护肤品
里不含抗衰老的成分，那么再便宜也不值得购买。另外还要
关注护肤品是如何让有效的成分渗透到表皮层的角质层以及
真皮层的。多层液晶乳化技术能够实现这个目标，通过将护
肤品变为片层结构，提高其渗透性以及保湿性。

多层液晶乳化技术

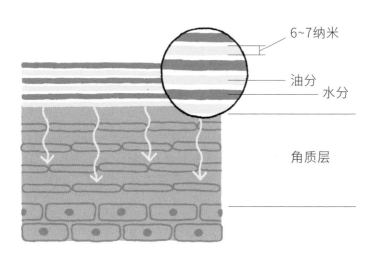

6~7纳米

油分

水分

角质层

亲角质层，渗透性好

保湿性能佳

发挥屏障功能

不含防腐剂

"纳米化"和"多层液晶乳化"

　　为了抵御细菌等外敌的入侵，肌肤本身具有屏障功能，使得一定大小以上的分子无法渗入肌肤。拿护肤品来说，大分子的有效成分很难渗透肌肤，因此全球各大化妆品公司都致力于尽量缩小有效成分的分子大小，即"纳米化"研究。

　　有效成分的分子越小就越能渗透到肌肤深处，从抗AGEs的角度来看，这也是一项划时代的技术。不过，由于物质的相对分子质量不同，也有一些成分是很难调节到能够渗入肌肤深层的分子大小的。

　　另外还有一个重要的问题——有效成分如何稳定地渗透到肌肤深层。能实现这一点的就是多层液晶乳化技术。

记住这些重要的抗AGEs成分

▷蓝莓精华——蓝莓能够减少AGEs，防止肌肤弹性下降。2007~2008年，知名化妆品生产商欧莱雅就曾发表论文表示，由糖化导致的肌肤皱纹以及硬化可以通过蓝莓来改善。具有超强抗AGEs作用的蓝莓，能够改善肌肤老化带来的暗沉问题。

▷肌肽——人体体内物质，随着年龄的增长而减少。作为能够有效抑制肌肤氧化和糖化的物质，近年来备受关注。2012年，一项研究[①]表明服用2个月肌肽能够有效改善肌肤老化问题（皱纹等）。肌肽常被用作护肤品中的抗AGEs成分。

▷山茶籽精华（山茶皂角苷）——2013年，从日本国产山茶籽的水溶提取液（非山茶籽油）中发现的AGEs阻碍

注：①论文出处:J Dermatolog Treat 345-84, 2012

剂获得了专利。1kg山茶籽油中只能提取出1g精华，十分珍贵。主要成分就是山茶皂角苷和类黄酮，其效果是被认为具有强效抗AGEs作用的儿茶素的5倍。

▷维生素C——具有抗氧化、促进代谢等作用，是让肌肤保持年轻所不可或缺的维生素。作为抗衰老护肤品的代表成分而被大家熟知，对抗糖也有效果，能够有效抑制AGEs的产生。

▷磷酸吡哆胺（维生素B6的一种形式）——能够阻止蛋白质和糖类在体内结合。在初期阶段抑制糖化物质转化为AGEs。在护肤品业界是备受关注的一种成分。

▷其他有效成分——儿茶素、黑莓提取物、银杏叶提取物、欧洲越橘提取物、维生素B1、维生素B6、α-硫辛酸、果香菊、金盏花提取物、矢车菊提取物、洋甘菊提取物、圣约翰草花（叶、茎）提取物、欧洲小叶椴花提取物、大车前籽提取物、红茶发酵产物、卡拉胶、七叶树、鱼腥草和单子山楂等。

抗UV能够防止肌肤的光老化

　　紫外线会使皮肤产生大量的黑色素。可能很多关注护肤的女性都知道，如果无法通过新陈代谢及时排出黑色素，就会变成色斑、雀斑留在皮肤中。

　　紫外线中的UVA会使构成真皮层的胶原纤维变性。并且，由紫外线产生的活性氧会导致细胞的氧化，从而产生皱纹和松弛等肌肤问题。紫外线给肌肤带来的伤害不仅限于此，和AGEs也有关联。从20岁开始，由胶原蛋白的糖化所引起的在肌肤内产生AGEs的现象就会逐渐增加，并且增加的程度是和饮食内容以及日晒程度成正比的。此外，还有论文表明，皮肤暴晒于阳光下，表皮层的AGEs会增加，表皮层的弹性纤维会变厚，肌肤变得不再柔软。

　　接下来，我为大家介绍一组数据，我们对不同年龄阶段的人的真皮层内AGEs的含量进行了调查，数值标准为不含AGEs的记为0%。调查结果显示，胸部、背部、大腿等受日晒较少的身体部位AGEs值较低；相对的，鼻子、下巴、额头等部位的AGEs值则较高。举个例子，一位29岁的女性，没有接受过日晒的乳房肌肤的AGEs值仅有1.34%，而经常照射阳光的眉间皮肤的AGEs值竟有29.7%之高，相差近22倍[①]。

　　请大家一定要意识到，紫外线是让AGEs增加的一个很大的原因。由于环境破坏的影响，当下紫外线给我们带来的伤害远比我们想象得更大。把日晒后的小麦色肌肤当成健康的象征，是完全错误的。即使在阴天，也要注意通过打伞、戴墨镜、涂防晒霜等来做好日晒防护。

　　皮肤癌在日本原本很少见，但如今有大幅增长的趋势。此外，有研究报告显示，随着紫外线的增加，白内障的发病人数也在成比例增长，二者之前存在因果关系。让我们积极采取应对措施，守护美丽和健康吧！

注：①数据来源：British Journal of Dermatology, 145:16-18, 2001

肤色不同，也会导致AGEs值不同

黑色素原本承担着类似于"肌肤窗帘"的作用。通过覆盖细胞核，来保护肌肤不受紫外线的侵害，从而防止AGEs值的增加。

因日晒而皮肤变黑的人，他们的AGEs值往往也会变高。有报告表明，相较于皮肤白皙的人，那些生来皮肤就比较暗沉的人的AGEs值较低。此外，随着年龄的增长，白种人会比其他人种面临更多的皱纹问题，这也是因为他们更容易受到紫外线的侵害。相应的，他们也更容易受到AGEs的侵害。

紫外线不仅会让皮肤长斑（色斑、雀斑等），还会引起皱纹、松弛等肌肤问题，请一定要积极进行紫外线防护。尤其是天生皮肤白皙的人，会更容易让AGEs蓄积在体内，因此更要注意防紫外线。

不同肤色AGEs蓄积的区别

天生皮肤黑的人

AGEs并不一定会蓄积

因日晒而变黑的人

由于紫外线的影响，
AGEs蓄积在体内

天生皮肤白皙的人

虽然AGEs并不一定会蓄积
在体内，但很容易受到紫外
线的侵害，一定要注意

过度清洁会伤害肌肤

由于大气污染等问题，我们的肌肤所面临的环境越来越复杂。肌肤表层的老旧皮脂会因紫外线而氧化，从而产生对肌肤有害的过氧化脂质。并且，由于臭氧层持续遭到破坏，紫外线变得越来越强，真皮层和表皮层受紫外线照射后会产生大量的AGEs。

但是，如果对皮脂进行过度清洁，就会导致皮脂的整体剥落。皮脂是人类自带的最好的保湿膜，如果完全剥落，会让负责抵御外界压力的角质层变得毫无防备。面部清洁的频率保持在一天一次即可。请选择用温水就能轻松将脸上的彩妆和护肤品充分卸除的清洁产品。最好选择摩丝类洁面产品，洁面霜、清洁啫喱等质感较硬的产品涂抹在脸上时容易产生摩擦，要特别注意。

正确的洁面方式

首先要使用和体温接近的36~38℃的温水。尽量不要用手掌直接接触皮肤。因为只要手放在脸上，脸上的皮肤就会被拉扯，从而造成摩擦。洗脸的力度要小，千万不要用手使劲揉搓面部皮肤。

一定要把洁面产品完全冲洗干净。脸上残留的洁面产品可能会造成肌肤问题，冲洗洁面产品需要花3分钟左右的时间。

最后，用干净的毛巾以按压的方式去除脸上的水。如果脸上有残留的水，水分蒸发时会让肌肤变得更加干燥，一定要注意。

脸部按摩是美肤大敌

即使是小孩子，也会因做各种表情而出现暂时性的皱纹，但恢复到无表情的状态，皱纹就会消失。这是因为真皮层中存在具有弹性的胶原纤维，能够让肌肤保持柔软和弹性。然而，因AGEs而老化的肌肤，其真皮层中的胶原纤维失去了弹性，皱纹就如同又硬又厚的纸被折后留下的折痕一般，深深地刻在了肌肤里。

很多人为了防止肌肤产生皱纹、松弛等问题，会去美容院做按摩，或者在家用美容仪器自己进行按摩，然而对于因糖化而变得不再具有弹性的肌肤来说，拉扯、摩擦肌肤，都是在人为地让肌肤动起来，这简直就是在刻意制造折痕和皱纹。皮肤科医生在分享护肤方法时也会强调，按摩会增加皱纹，要严格禁止。

另外，网络上的一些所谓的"通过锻炼面部表情肌来消除皱纹"的方法完全就是无稽之谈。锻炼面部表情肌实际上就是在拉扯肌肤，大幅度地活动肌肤反而是增加皱纹的不当之举。平时精心护理肌肤的人，明明在洗完脸之后都不会用

年轻肌肤和熟龄肌肤

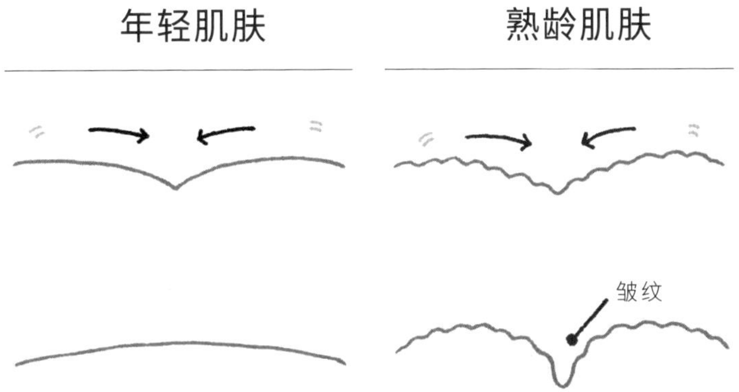

年轻肌肤	熟龄肌肤

左边是年轻肌肤的示意图，右边是熟龄肌肤的示意图。如左图所示，年轻肌肤的真皮层富有弹性，即使有力施加在表皮层，表皮层也能够立即复原。然而，熟龄肌肤就如右图一样，真皮层没有弹性，皱纹就会永久留在肌肤里。

毛巾去摩擦肌肤，却选择花重金去美容院按摩肌肤，让肌肤承受更大力度的摩擦，或者购买昂贵的美容滚轮仪器在家摩擦肌肤，实在是得不偿失。对于这些人为给自己制造皱纹的女性朋友，我实在是不忍心再看下去了。不管是用化妆棉，还是画眼线，都要注意不要拉扯、摩擦肌肤。

对抗色斑的关键就是抗AGEs

对于表皮层由AGEs引起的浅色斑来说，抗AGEs护肤品是有效的。由于表皮层的新陈代谢周期大概为40天，尽早使用抗AGEs产品能够让色斑变浅、变小。哪怕是已经渗透到真皮层的色斑也有望得到改善。尤其有效的是蓝莓提取精华。2007~2008年欧莱雅就发表了"糖化的肌肤能通过食用蓝莓得到有效改善"的论文。同时，还有实验结果表明蓝莓提取精华减少了真皮层所蓄积的AGEs[1]。但是，由于构成真皮层的胶原纤维寿命很长，因此可能需要数月甚至数年才能切实体会到效果。抗AGEs护肤品不仅对于已经产生的色斑有效，甚至还能够预防色斑的产生。

注：①实验出处：Exp. Gelontorogy 43, 58-64, 2008

糖化肌肤的比较分析

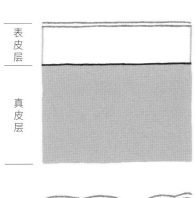

表皮层

真皮层

理想的肌肤

细胞没有被糖化的肌肤状态，表皮层轻薄平滑，真皮层有一定的厚度。肌肤不暗沉，有透明感。

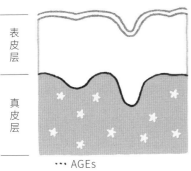

表皮层

真皮层

⋯ AGEs

AGEs肌肤

表皮层厚而硬，真皮层薄而没有弹力。堆积在真皮层的AGEs呈现焦黄色，使得肌肤表层也呈暗黄状态。

表皮层

真皮层

⋯ AGEs

摄取蓝莓精华后

给糖化的肌肤抹上蓝莓提取精华后，堆积在真皮层的AGEs明显减少。真皮层、表皮层的厚度也恢复到接近于理想肌肤的状态。

刷酸无法改善肤色暗沉

熟龄肌肤看起来暗沉且没有透明感，问题不在于皮肤表层，而在于深层。即使每天都用去角质的护肤品使角质层剥落，也无法改善肤色暗沉、没有透明感的问题。过了30岁，表皮层的新陈代谢周期变长。角质层能够保护肌肤不受大气污染、病毒、花粉等的侵害，因此，在新的细胞准备好之前，去除角质层是很危险的。使用含有果酸等的美白产品，或者通过刷酸来使肌肤的表皮层剥落，都是不可取的。

人们普遍认为肤色暗沉是因为黑色素的堆积，但日本宝丽旗下的研发中心研究发现，真正的原因在于AGEs在肌肤内的蓄积。于是在此基础上研发出了含有抗糖成分的改善肤色暗沉的产品。

黑色素、AGEs、年龄、肤色暗沉之间的关系

年龄和肤色暗沉
存在关联，
随着年龄的增长，
暗沉的情况
也会变严重

AGEs和年龄
存在关联，
随着年龄的
增长，AGEs含量
也会增多

AGEs和黑色素
的含量没有
关联

黑色素的含量
和年龄之间
没有关联

（来自宝丽2009年的研究）

除了黑色素之外，
AGEs才是肤色暗沉的元凶！

不要被“贵妇护肤品”蒙骗

伴随肌肤老化出现的肌肤问题绝大部分都源于AGEs，因此，比起买各种护肤品来缓解焦虑，还不如挑选真正能够抗AGEs的护肤品。比如，熟龄肌面临的肌肤干燥问题，就是由糖化引起的肌肤表皮层变硬，屏障功能下降，真皮层也随之萎缩，保湿能力下降而造成的。因此，对于保湿能力下降的老化肌肤，使用大量昂贵的含高保湿成分的护肤品来补充水分和油分，实际上是非常低效的。

想要一次性解决所有的肌肤问题，最好是在清洁脸部之后使用含有抗AGEs成分的化妆水或精华液，并定期使用含有抗AGEs成分的面膜。敷面膜是让有效成分渗透到表皮层的好方式，定期敷面膜能够提升肌肤自身的修复能力，从根本上解决问题。

抗AGEs结合抗氧化是最强美肤搭配

随着年龄的增长，我们人体内的氧化反应和糖化反应会同时进行。和正常细胞相比，氧化后的蛋白质和脂肪更容易因为糖化而转变成AGEs，因此，同时进行抗AGEs和抗氧化是很重要的。

几乎所有具有抗氧化作用的物质，都同时具有抗AGEs作用。

具有抗氧化作用的成分

大豆异黄酮

大豆异黄酮是大豆等食物中富含的多酚的一种。除了抗氧化，还具有和雌激素相似的作用，被大家所熟知。

辅酶Q10

也是抗衰老成分。人体内可以自己生成，但20岁之后生成的量会大大减少。

虾青素

三文鱼、虾中富含的红色色素。具有防止胆固醇氧化的作用。

白藜芦醇

葡萄皮中所含的色素。具有防止动脉硬化、降低患癌风险、延年益寿的作用。

"纯天然""纯植物"的骗局

现在，市面上的很多护肤品品牌都声称自家护肤品坚持"纯天然""纯植物"的理念，使用的都是有机植物，从原材料的栽培到成分的提取都不使用任何化学物质。实际上，比起成分是否有机、是否天然，更重要的是要看这些植物成分是否具有抗AGEs的作用。最近全球流行的美容针号称可以通过在皮肤的穴位上扎针，促进血液和淋巴的循环，但遗憾的是，美容针并不能从根本上解决皱纹、松弛等肌肤问题。

我们经常可以听到这样的宣传语："恋爱时的心动感觉能让女生变得更美。"似乎越来越多的人开始关注如何增加体内的雌激素，以达到美容的目的。但迄今为止我还没有见到过任何关于雌性激素的分泌能够改善皱纹、色斑的相关研究。

各大化妆品厂商开始关注
抗AGEs护肤品

现在全球的化妆品公司都在研究开发具有抗AGEs效果的产品。自2000年以来，欧莱雅、雅诗兰黛、宝丽、嘉娜宝等化妆品公司的研发中心都把肌肤老化的最大原因归结于AGEs，相继发表了很多与AGEs相关的研究成果。

到目前为止，为了解决熟龄女性所烦恼的色斑、皱纹、松弛、暗沉等肌肤问题，市面上出现了很多抗衰老的护肤品，它们都经过了各种研究与实验的论证。在这其中诞生出来的抗AGEs产品，则能够综合解决熟龄肌所面临的烦恼，如同救星一般的存在，在化妆品界也备受关注与期待。

从理论到实践，再到研发——牧田医生的抗糖护肤品

为了帮助各位读者朋友实现让肌肤永葆青春的目标，我研发出了自己原创品牌（Makita）的化妆水、精华液、面霜和面膜等四类护肤品。

面膜含有高浓度的肌肽、山茶籽提取精华（取得专利，非山茶籽油）和欧洲越橘（蓝莓中的一种），这三种抗AGEs成分都是天然的抗氧化、抗AGEs物质，是面膜达成美肤效果所需的关键成分。面膜的材质为生物纤维，不同于无纺布材质，能够紧密贴合肌肤，并且不容易干燥。

化妆水、精华液、面霜除了含有洋甘菊提取精华等五种天然草本精华之外，还含有胎盘素，并且为了让这些抗AGEs成分能够渗透到皮肤深层，还采用了多层液晶乳化技术。

牧田医生研发的护肤品

AGE Makita Care
化妆水
(100ml)6800日元+税

AGE Makita Care
精华液
(50ml)10000日元+税

AGE Makita Care
面霜
(50ml)8800日元+税

AGE Makita Mask
面膜
1片（17ml）2800日元+税
6片（17ml×6）15600日元+税

Special Interview
养成抗糖的生活习惯，从内而外美肤

我的夫人——牧田美和女士一直践行着抗AGEs的生活习惯，因此保持着光滑有弹性的肌肤状态。借此机会，她想向读者分享一些自己在日常生活中的美肤小秘诀。

我在30岁之前，皮肤很容易长痘，并且一旦长了就很容易留下痘印。在我年轻的时候，是以小麦色为健康肤色的时代，于是我经常晒太阳，想让自己的皮肤去迎合主流审美。

当时吃饭也完全不注意，想吃什么就吃什么，这样的生活习惯渐渐体现在了我的肌肤状态上，色斑、干燥等肌肤问题变得越来越严重。

但是当我开始践行并坚持抗AGEs的饮食习惯后，我的肌肤状态肉眼可见地产生了变化！我深切地感受到，注意饮

牧田美和女士

任AGEs牧田诊所事务长。
结婚三十余年。曾随丈夫
牧田善二赴美研修。自己
在纽约的市立大学学习并
顺利毕业。回国后与丈夫
一起在银座创立诊所，每
日忙于充实的工作。美丽
的肌肤与苗条的身材正是
抗AGEs生活习惯的成果！

食真的十分重要。毕竟我们的身体，包括皮肤、头发等，就是由自己每天食用的食物构成的。

平时我会注意尽量不吃含有添加剂的食物，午餐也自带便当，并且保证摄取足量的蔬菜。但是在日常饮食中，我也不会过于严苛地要求自己。饮食最重要的还是要做到愉快地进食。有时候太忙了，没有时间做便当，我也会带一份家里现有的蔬菜，再搭配外面买的快餐。这个时候，就需要我们具备判断哪些食物相对来说更有益于身体健康的能力。

365天，人每天都要吃三顿饭，因此饮食上任何小的改变，都会对我们的一生产生很大的影响。不管从多少岁开始践行抗AGEs的饮食习惯，肌肤状态都一定会有所改善，身体也会由内而外焕然一新。自从践行抗AGEs的生活方式之后，我的肌肤和身体都变得比以前更健康了。

通勤路上或午休时间，可以多走走路，对肌肤和身体都好。但是注意外出时别忘了戴好遮阳墨镜，以及能够遮住手腕的手套和太阳伞，一定要做好防晒。

早上或者素颜的时候，我都不会使用肥皂洗脸。如果脸上有汗或者感觉比较脏，我会用洁面产品轻柔地清洗脸上的

污垢。我用的量比较多，一般会用到推荐用量的三倍之多，在清洁的时候尤其会注意不去摩擦肌肤。

　　因为不想通过摩擦等方式给肌肤增加额外的负担，我不会给脸部做按摩，也不会去美容院。当然我也从来不做医美项目。我的美肤习惯就是使用抗AGEs的面膜、注意防晒以及轻柔护理肌肤。

　　要保持肌肤的健康，首先要保持心灵的健康。因此不要让自己有太大的压力，保持内心的平和，遇到任何事情

保养肌肤的
好物

为了不让皮肤干燥，我会用植村秀的卸妆油卸妆，用无添加的肥皂清洁身体。

手套

墨镜

都要用积极的心态去面对。当天的烦恼当天解决，不要留到第二天。

我每天晚餐都会喝一些白葡萄酒，以此来缓解压力。吃一些健康的食物，并佐以白葡萄酒，一边享用美食，一边和我的先生聊聊日常生活，感觉一下子就放松了。

　　闲下来时，我们会去海外旅行。欣赏美丽的风景，也是一种很好的刺激，还可以边逛边吃当地的美食，能给我带来做饭的灵感，真是趣味十足。

关于护肤品中的糖类

　　在挑选护肤品时也要注意避开糖类成分。具体来说就是葡萄糖、果糖之类的单糖类，白砂糖之类的二糖类以及米饭、面包中含有的淀粉等多糖类。

　　尤其是被当作保湿成分使用的葡萄糖等单糖类、能够增加液体黏稠度的多糖类经常被用于护肤品中，要十分注意。在确认护肤品的成分时，除了要看是否含有抗AGEs成分，最好也确认一下是否含糖类成分。

　　高保湿护肤品中经常用到蜂王浆作为原料，而蜂王浆来源于"含糖大户"——蜂蜜，因此使用这类护肤品会导致AGEs增加，色斑、皱纹不仅不容易减少，反而还会增长。

　　不过，纤维素虽然属于多糖类，但其主要成分是植物中的植物纤维，只有在强酸的条件下才容易分解，其结构非常坚固。因此含有纤维素的产品不会导致AGEs增加，可以放心购买和使用。

第 4 章

抗糖美肤的
正确生活习惯

抗糖美肤的三大生活习惯

减少摄入AGEs含量高的食物

美肤的最大敌人就是AGEs。高温烹饪和长时间烹饪都会导致食物中的AGEs含量增高。减少摄入油炸食物是最重要的饮食法则。（请参考本书第99页至101页的食物AGEs含量表。）

每周进行两次肌肉锻炼，饭后立即去散步

血糖值上升，AGEs也会增加。肌肉有储存血糖的作用，因此保持肌肉量也是抗AGEs的方法。即使每周只锻炼两次也会让肌肉有所增加。另外，饭后立即去散步也能避免血糖值上升。

杜绝吸烟

吸烟会导致AGEs的大幅增长。吸烟的朋友如果不马上开始戒烟，肌肤会加速老化。吸二手烟也会对肌肤有影响，因此也要尽量避免被动吸烟。

通过散步与肌肉锻炼打造美丽肌肤

一说到护肤，也许有的朋友就会坐到镜子前端详自己的脸蛋，往脸上涂抹大量的护肤品，给肌肤做按摩……对于这些朋友，我更推荐把这些时间用在散步和肌肉锻炼上。

运动与肌肤的状态是息息相关的。尤其是过了35岁以后，肌肉量每年都在以1%的速度减少，脂肪反而在增加。由于肌肉能够储存糖类，因此肌肉量越多，就越能够抑制血糖值的上升。也就是说，肌肉量一旦减少，血糖值就容易上升，同时导致AGEs的增加。即便每次只有15分钟，如果每周锻炼两次肌肉，坚持两个月，肌肉量就会有所增加。

饭后散步也有利于防止因饮食造成的血糖值上升。如果食物中含有作为AGEs来源的糖类，饭后15分钟内血糖值就会上升，因此饭后要立即进行强度适中的运动。饭后立刻进行剧烈运动不太好，但如果是散步这种程度，是完全没有问题的。

每次散步20分钟，走2000步左右即可。步幅大一点，提高走路的速度，以仿佛在追赶其他行人的节奏来走路是最理想的。在家用跑步机走路也可以达到同样的效果。对于上班族来说，午饭后坚持爬爬楼梯也会让肌肤状态有所改变。

　　散步能够让导致AGEs增加的血糖值恢复正常，因此大家在生活中可以多散散步。以我自己为例，我非常喜欢吃含有丰富EPA（深海鱼油成分）的鳗鱼，也经常吃。因为鳗鱼含有大量能够抑制AGEs、缓解疲劳的肌肽。但是，我经常用鳗鱼就饭吃，为了防止饭后血糖值骤升，我会在吃完之后散步1小时左右。

简单易上手的美肤肌肉锻炼法

    以深蹲、仰卧起坐和俯卧撑每种动作做15~20次为1组，每天做3~4组。如果每组动作的间隔时间保持在60秒以内，肌肉容易疲劳，大脑内容易分泌成长激素，这样能够更高效地锻炼肌肉。

深蹲　15~20次

锻炼股四头肌、腘绳肌。要注意在舒展背部肌肉，尽量在大腿和地板保持平行的状态下深蹲。

仰卧起坐   15~20次

人体的核心肌群都集中在腹部，因此锻炼腹部能够高
效地锻炼肌肉。不要突然快速起身，要有意识地利用
腹部肌肉慢慢起身。

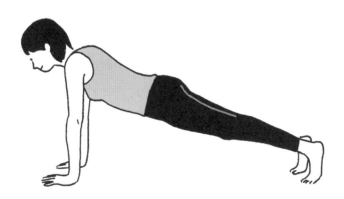

俯卧撑   15~20次

俯卧撑不仅能够锻炼手臂肌肉，还能够锻炼胸大肌。
觉得用标准姿势来做俯卧撑比较困难的朋友，也可以
膝盖弯曲跪在地板上做俯卧撑。

被动吸烟也会让肌肤老化

香烟会在体内促进活性氧的生成。更恶劣的是，它会增加体内蛋白质和脂肪中的AGEs。

"我不吸烟，因此没有关系。"如果你这么想，那可就大错特错了。对于被动吸烟者来说，烟头部分产生的侧流烟、吸烟者所吐出的烟雾都会导致AGEs的产生。

一旦吸入香烟，就会在体内促进生成活性氧，30分钟之后就会在蛋白质和脂肪中生成AGEs。尤其是饭后吸烟，刚摄入的蛋白质和脂肪等营养会马上AGEs化，要特别注意。外出吃饭、喝茶时请一定要选择禁烟餐厅。

睡眠不足会间接增加AGEs

很多读者朋友每天都很忙，可能难以确保足够的睡眠时间。那么，是不是睡眠时间减少，AGEs就会增加呢？

从结论来说，睡眠与AGEs没有直接的关系。但是，有研究报告显示睡眠不足会影响代谢，导致发胖。研究表明，一旦发胖，体内的AGEs值就会上升，尤其是在40岁之前发胖的人，AGEs会和体重成比增长。由此可见，我们可以认为睡眠不足会导致体重增加，体重增加导致AGEs增加，因此睡眠不足与AGEs增加之间存在间接的关系。

睡眠的时间也很重要，为了保证睡眠质量，请确保自己在晚上12点至凌晨2点之间处于熟睡状态。

泡澡不一定对皮肤好

日本人总是离不开泡澡。很多美妆杂志也提到，冲完澡后再泡个澡更好。

大家一般认为泡澡对皮肤有好处，但是在我看来，泡澡对皮肤保养是有反作用的。皮肤浸泡在热水里，角质层吸收了水分后会膨胀，角质和角质之间产生了平时没有的缝隙。而保湿成分就会从这个缝隙里流出，反而让皮肤变得更加干燥。尤其是先用毛巾或搓澡巾用力地擦洗身体，摩擦皮肤后再将皮肤泡在热水中，皮肤中的水分则会更加快速地流失。

半身浴和桑拿有促进新陈代谢的效果，但如果考虑到要抗衰老，还是运动的效果更好，也更健康。

压力与AGEs没有关系

大家都说压力是美肤的大敌。心情低落、遭受打击的时候，自律神经和体内激素紊乱，导致肌肤状态也变差。也有一些媒体称压力是导致AGEs增加的原因，但实际上精神上的压力和AGEs并无关系。压力对于AGEs引起的色斑、皱纹、松弛、暗黄等肌肤老化问题也并无直接影响。不过，只要养成抗AGEs的生活习惯，适度运动、保持充分的睡眠，身体状态就会得到改善，反映到皮肤上，就会让人看起来更加容光焕发。

另外，以花粉症为首的由过敏引起的肌肤问题无法通过抗AGEs的对策得到改善。过敏是由于免疫系统的"认知错乱"而导致的一系列反应，与AGEs没有直接关系。

让肌肤永葆青春，
必须要做的10件事情

保持理想的体重

避免高AGEs的饮食

避免脸部按摩，减少肌肤摩擦

不要让AGEs蓄积在肌肤里

不要过度清洁肌肤

适当地摄入营养补充剂

使用具有抗AGEs作用的护肤品

饭后适量运动

做好防晒

远离二手烟

食品的AGEs含量表

即使是相同的食品，加热时间越长，烹饪温度越高，AGEs的含量也就越高。并且，一般来说热量的含量与AGEs含量并无关系。

以同样的烹饪方法进行比较，调料的选择也会对AGEs的含量产生影响。当犹豫不知道该吃什么的时候，请记住以下几点：尽可能地选择低糖饮食；尽量不要吃茶褐色的食物；尽量不吃全熟的食物。我们可以把不超过1000KU的食品看作低AGEs食品。

食　品		AGEs含量
高碳水化合物 食品	白米饭	9KU/100g
	意大利面（煮8分钟）	112KU/100g
	吐司（中心部分）	7KU/30g
	吐司（烤后的中心部分）	25KU/30g
	吐司（吐司边部分）	11KU/5kg
	吐司（烤吐司边部分）	36KU/5g
	贝果	32KU/30g
	贝果（烤）	50KU/30g
	松饼	679KU/30g
	华夫饼	861KU/30g
	玉米片	70KU/30g
	土豆（煮25分钟）	17KU/100g
	炸薯条（自制）	694KU/100g
	炸薯条（快餐食品）	1522KU/100g
	烤红薯	72KU/100g
	薯片	865KU/30g
	曲奇饼干（自制）	239KU/30g
	爆米花	40KU/30g
	咸饼干	653KU/30g
	白砂糖（上白糖）	0KU/5g
鸡肉	生肉	692KU/90g
	煮（1小时）	1011KU/90g
	煎（15分钟）	5245KU/90g
	炸（8分钟）	6651KU/90g
	微波炉加热（5分钟）	1372KU/90g
	炸鸡块	7764KU/90g
	炸鸡排（炸25分钟）	8965KU/90g
猪肉、牛肉、 肉类加工品	热狗肠（牛肉/煮7分钟）	6376KU/90g
	热狗肠（牛肉/煎5分钟）	10143KU/90g
	培根（猪肉/微波炉加热3分钟）	1173KU/13g
	火腿（猪肉）	2114KU/90g

续表

食 品		AGEs含量
猪肉、牛肉、肉类加工品	烤猪肉	3190KU/90g
	烤牛肉	5464KU/90g
	汉堡肉（牛肉、煎6分钟）	2375KU/90g
	汉堡（牛肉/快餐）	4876KU/90g
鱼类	三文鱼（生）	502KU/90g
	三文鱼（煎10分钟）	1348KU/90g
	烟熏三文鱼	515KU/90g
	金枪鱼（生）	705KU/90g
	金枪鱼（煎25分钟）	1827KU/90g
	金枪鱼（蘸酱油煎10分钟）	4602KU/90g
	虾（腌制）	903KU/90g
	虾（腌制后烧烤）	1880KU/90g
大豆制品	豆腐（生）	709KU/90g
	豆腐（油炒）	3447KU/90g
	豆腐（煮）	3696KU/90g
鸡蛋	鸡蛋黄（煮10分钟）	182KU/15g
	鸡蛋黄（煮12分钟）	709KU/15g
	鸡蛋白（煮10分钟）	13KU/30g
	鸡蛋白（煮12分钟）	17KU/30g
	玉子烧	1237KU/45g
	水煮荷包蛋（煮5分钟）	27KU/30g
奶制品	牛奶	12KU/250ml
	脱脂牛奶	1KU/250ml
	酸奶	10KU/250ml
	香草冰激凌	88KU/250ml
	黄油	1324KU/5g
	马苏里拉奶酪	503KU/30g
	布里奶酪	1679KU/30g
	菲达奶酪	2527KU/5g
	再制干酪	2603KU/30g
蔬菜	胡萝卜（生）	10KU/100g
	番茄（生）	23KU/100g
	洋葱（生）	36KU/100g
	西蓝花（煮）	226KU/100g
	生姜（生）	49KU/10g
水果、坚果类	牛油果	473KU/30g
	苹果（生）	13KU/100g
	苹果（烤）	45KU/100g
	香蕉（生）	9KU/100g
	蜜瓜（生）	20KU/100g

食　品		AGEs含量
水果、 坚果类	葡萄干	36KU/30g
	无花果（干）	799KU/30g
	橄榄	501KU/30g
	杏仁（烤）	1995KU/30g
	腰果（烤）	2942KU/30g
调料、油	芥末	0KU/15ml
	番茄酱	2KU/15ml
	香醋	5KU/15ml
	白醋	6KU/15ml
	白葡萄酒醋	6KU/15ml
	酱油	9KU/15ml
	菜籽油	451KU/5ml
	蛋黄酱	470KU/5g
	蛋黄酱（低脂）	110KU/5g
	初榨橄榄油	502KU/15ml
	人造黄油	876KU/5g
	芝麻油	1084KU/5ml
	花生油	2255KU/30g
	法式色拉酱	0KU/15ml
	意大利色拉酱	0KU/15ml
	恺撒色拉酱	111KU/15ml
	千岛酱	28KU/15ml
汤	牛肉汤	1KU/250ml
	鸡肉汤	3KU/250ml
	蔬菜汤	3KU/250ml
饮料	咖啡（滴滤式）	4KU/250ml
	咖啡（速溶）	12KU/250ml
	咖啡（含牛奶）	17KU/250ml
	咖啡（含糖）	19KU/250ml
	咖啡（保温1小时后）	34KU/250ml
	红茶	5KU/250ml
	热可可（含糖）	656KU/250ml
	热可可（不含糖）	511KU/250ml
	苹果汁	5KU/250ml
	橙汁（瓶装）	14KU/250ml
	蔬菜汁	5KU/250ml
	可乐	16KU/250ml

牧田医生的美肤Q&A

　　以下是一个小测试，测试你是否理解了本书所阐述的内容。如果你答错了，或者还有不明白的地方，请回到相应页面重新阅读。

Q1 挑选护肤品最重要的就是先要试试小样，然后找到使用感受最好的那一款，对吗？

A1 不对。不要被所谓的使用感受迷惑！

—— 参考P56

Q2 身材越丰腴，肌肤越有弹性，对吗？

A2 不对。身材越丰腴，AGEs值越高！

—— 参考P19

Q3 以下哪种食物有利于美肤？
a. 以糙米为主食的纯素食　b. 原食

A3 b　纯素食会增加AGEs。

—— 参考P34

Q4 饮酒有助于美容，是吗？

A4 不完全是。但葡萄酒既能减肥又能抗糖化。

—— 参考P42

Q5 为了让肌肤保持年轻，应该多吃维生素含量高的水果吗？

A5 不一定。也要注意水果中的果糖！

—— 参考P36

Q6 为了减少皱纹、松弛，应该养成以下哪种美肤习惯？
a.脸部按摩　b.摄取营养补充剂

A6 b 营养补充剂能够延缓身体的衰老。

—— 参考P38

Q7 脸部按摩是美肤的大敌吗？

A7 是的。对于熟龄肌来说，一定要减少肌肤的摩擦和受力！

—— 参考P68

Q8 下列哪个选项能够对抗肤色暗沉？
a. 刷果酸　b. 使用含蓝莓提取精华的保湿产品

A8 　b　不要使用强行使角质层脱落的产品。

—— 参考P72

Q9 当肌肤不再水嫩时，应该怎么办？
a. 使用含胶原蛋白的面膜
b. 每日喝2L 以上的水

A9 　b　胶原蛋白无法渗透到肌肤深层！

—— 参考P35

Q10 以下哪种饮品对皮肤更有益？
a. 市售的 100% 橙汁　b. 绿茶

A10 　b　儿茶素有助于抑制AGEs。

—— 参考P40

Q11 在咖啡店点以下哪种饮品有助于美肤？
a. 多酚含量高的热可可
b. 异黄酮含量高的豆浆拿铁

A11 　b　一定要多加注意平时喝的饮料中的AGEs含量！

—— 参考P40

Q12 以下哪种洁面方式对皮肤更好?
a. 使用洁面霜,用化妆棉擦拭后清洗
b. 用油类清洁产品洁面,用温水卸除

A12 b 过度清洁会给肌肤造成负担。

——参考 P66

Q13 下列哪个选项有利于肌肤的护理?
a. 在家定期使用含抗AGEs成分的面膜
b. 在美容院进行脸部按摩

A13 a 美容院的脸部按摩会对肌肤造成负担。

——参考 P74

Q14 防晒是为了防止日晒带来色斑和雀斑吗?

A14 不完全是。紫外线不仅会导致色斑和雀斑,还会导致肌肤老化!

——参考 P62

Q15 摄入各种各样的蔬菜有助于美肤,是吗?

A15 不完全是。根茎类蔬菜的AGEs含量很高,不利于美肤!

——参考 P34

Q16 以下哪道菜对皮肤好？
a. 胶原蛋白满满的炸鸡翅
b. 富含虾青素的蛋黄酱拌生三文鱼

A16 b 胶原蛋白无法通过食用的方式抵达肌肤深处。

—— 参考P30

Q17 30岁以上的女性应该养成哪个习惯？
a. 肌肉锻炼和饭后散步
b. 半身浴加桑拿

A17 a 每周两次15分钟的肌肉锻炼以及饭后散步有助于美肤和保持健康。

—— 参考P90

Q18 以下哪种早餐更有益于美肤？
a. 上午轻断食，只喝水，不吃任何食物
b. 鸡蛋、面包、沙拉和咖啡的套餐搭配

A18 b 不吃早餐容易长胖，还会导致AGEs增加。

—— 参考P32

Q19 以下哪种午餐更有益于美肤？
a. 西式套餐
b. 荞麦面、乌冬面等面类

A19 a 控制每一餐的含糖量非常重要。

—— 参考P32

Q20　脸上长痘痘时应该如何应对?
a. 减少油腻食物的摄入
b. 减少白米饭、面包等碳水的摄入
c. 减少辛香料、辣椒等刺激性食物的摄入

A20　b　皮脂并非来源于油,而是来源于碳水化合物转化成的甘油三酯!

—— 参考P46

Q21　30岁以上的女性应该选择什么样的护肤品?
a. 选择能改善色斑、雀斑的产品
b. 选择能改善肌肤整体暗黄状态的产品

A21　b　色斑、雀斑较难改善,但肤色暗沉、偏黄是可以改善的!

—— 参考P72

Q22　以下哪种鱼类美食对皮肤更有益?
a. 法式黄油烤比目鱼　b. 照烧鱼块　c. 生鱼片

A22　c　生食的AGEs值是最低的。

—— 参考P30

Q23　以下哪种肉类料理对皮肤更有益?
a. 烤猪排　b. 塔塔牛肉　c. 炸鸡块

A23　b　考虑到对皮肤的影响,就要精心挑选合适的烹饪方法。

—— 参考P30

Q24 烤制食材时，如何处理对肌肤更有益？
a. 去除油脂后再烤制
b. 烤制前先用醋浸泡
c. 蘸上发酵食材后再烤制

A24 b 柠檬、醋能够降低AGEs值！

—— 参考P48

Q25 以下哪种行为对肌肤更不好？
a. 不卸妆就睡觉
b. 在吸烟区喝茶
c. 不做好保湿就出门

A25 b 香烟会使肌肤老化！

—— 参考 P94

Q26 蛋糕是美肤的大敌。如果一定要吃，餐后吃会比较好，对吗？

A26 不对。餐后立刻吃甜点是抗衰老大忌。

—— 参考 P33

Q27 以下哪种点心对肌肤更好？
a. 焦糖苹果挞 b. 芝士蛋糕 c. 炸薯条

A27 b 不管香味有多诱人，一定要拒绝油炸食品和烤焦的食品！

—— 参考 P33

Q28 当感到皮肤干燥时，最先应该做的就是把护肤品换成高保湿的，对吗？

A28 不对。最好是在清洁脸部之后使用含有抗AGEs成分的化妆水或精华液。

—— 参考P74

Q29 随着年龄增长而出现的皱纹、色斑等肌肤问题与饮食没什么关系，对吗？

A29 不对。饮食对AGEs有很大影响。不过抗AGEs的护肤品也能起到改善作用。

—— 参考P74

Q30 随着年龄增长而出现的肌肤衰老问题，一旦出现就无法改善，对吗？

A30 不对。尽早开始抗AGEs，就能有效延缓肌肤老化。

—— 参考P20

Q31 护肤品越贵，其成分的效果就越好，是吗？

A31 不是。关键在于含有什么样的成分。

—— 参考P56

Q32 有机产品的效果一定更好，是吗？

A32 不是。是不是有机产品并不重要，关键在于成分是否有用。

—— 参考 P76

Q33 传统的美容针能够改善皱纹和松弛吗？

A33 不能。产生皱纹和松弛问题的原因是AGEs!

—— 参考 P76

Q34 恋爱时的感觉能增加体内雌性激素，改善皮肤状态吗？

A34 很遗憾，肌肤并不会因此有任何改善。

—— 参考 P76

Q35 胶原蛋白、大豆异黄酮、辅酶Q10、虾青素和白藜芦醇，其中哪种成分具有美肤效果？

A35 除了胶原蛋白之外均有美肤效果。

—— 参考 P75

Q36 蜂王浆涂抹在面部，真的能够预防色斑吗？

A36 不能。蜂王浆含糖量高，会增加 AGEs。

—— 参考 P86

Q37 造成头发问题和肌肤问题的原因是相同的吗？

A37 是的。两种问题都源于糖化。

—— 参考 P52

Q38 纳米化的护肤成分更具有抗衰老效果吗？

A38 是的。纳米化的有效成分更具有渗透性。

—— 参考 P59

Q39 面膜很有效，最好每天使用？

A39 不对，定期使用即可。要挑选对表皮层产生的 AGEs 有抑制效果的面膜。

—— 参考 P74

Column 05

经验谈

连续两个月坚持抗糖的美肤生活

过了40岁，肌肤变得越来越干燥，粗糙、肤色不均、化妆卡粉等问题层出不穷。

我的抗糖美肤生活，主要践行了以下5点：①以前每天都要喝3罐350ml的嗨棒①，现在改成喝半瓶干型白葡萄酒（375ml）；②尽量不吃主食，大量饮水；③尽量不坐电梯，爬楼梯；④停止使用具有去角质作用的擦拭型卸妆水，换成含抗糖成分的洁面产品；⑤每月使用一次牧田医生研发的抗糖化面膜。

两个月过去了，肌肤的粗糙问题得到了大大的改善，变得更加柔滑，面部泛红现象减轻，肤色也变得均匀了。肌肤的干燥问题得到改善后，眉间的皱纹也变得不那么明显了。体重自然而然地减少了2kg。没想到生活中的一点点小改变，就能给肌肤带来如此大的变化。我想我今后也能轻松坚持下去。

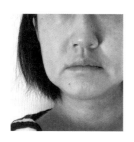 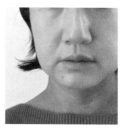

（44岁女性）

注：①音译自"Highball"，就是威士忌加冰再加苏打水。

第 **5** 章

抗糖美肤食谱

食谱的使用说明：
- 1小勺=5ml，1大勺=15ml，1杯=200ml
- 在没有特别说明的情况下，烹饪火力均为中火。微波炉的加热时间以功率500W为基准。若使用功率为400W的微波炉，则需将加热时间延长至1.2倍；使用功率600W的则将加热时间乘以0.8。另外，不同的机型可能会有少许差异，请根据实际情况进行调整。
- 本章的食谱中，洗菜、削皮等步骤均被省略。
- 请先阅读使用说明书后，再正确使用烤箱等小家电。
- 请注意不要被油或开水烫到。

柠檬风味意式沙丁鱼

255kcal

材料 (2人份)

沙丁鱼 ················ 4小条
大蒜 ················ 1/2瓣
小番茄 ················ 5颗
柠檬(切片) ················ 4片

橄榄油 ················ 2小勺
白葡萄酒 ················ 2大勺
盐、黑胡椒粉 ················ 各适量
欧芹 ················ 适量

做法

沙丁鱼去头并清理内脏，撒上少许盐和黑胡椒粉。大蒜切成薄片，小番茄对半切开。

在平底锅里放入橄榄油和蒜片，开小火，翻炒至蒜片变成黄褐色。加入沙丁鱼，两面煎好后加入小番茄、柠檬片、白葡萄酒和2大勺水，煮开后盖上锅盖慢炖。

加入少许盐和黑胡椒粉调味，最后撒上欧芹点缀。

意式海鲜采用了炖的烹饪方法，因此AGEs值较低。
柠檬作为酸性物质也具有很好的抗糖作用。

生吃青背鱼有极好的美肤作用。足量的调味香料搭配橄榄油，具有很不错的抗糖效果。

134kcal

和风拌竹笑鱼

材料（2人份）

竹笑鱼（刺身用）……………… 2条
苏子叶 ………………………… 4片
野姜 …………………………… 2个
小葱 …………………………… 2根

A
姜末 …………………………… 1小勺
柚子醋 ……………………… 1/2大勺
橄榄油 ………………………… 2小勺

做法

将竹笑鱼切成三块，去皮后切成较大的鱼片。将苏子叶切丝，将野姜和小葱切成末。

将上述食材放入碗中，加上A并搅拌均匀。

青花鱼富含DHA、EPA等优质脂肪，具有抗衰老效果。用微波炉简单烹饪即可，食用时佐以白葡萄酒会更加美味。

181kcal

黑醋风味快手青花鱼

材料 (2人份)

青花鱼 ·················· 2块	盐 ·················· 少许
大葱 ·················· 8cm的段	A ┌ 姜汁 ·············· 1小勺
胡萝卜 ················ 4cm的段	└ 酒 ················ 2小勺
青椒 ·················· 1个	黑醋 ················ 1大勺

做法

在青花鱼带皮的那一面划上十字划痕。将大葱和胡萝卜切丝。将青椒对半竖切，然后再横切成细丝。

在青花鱼上撒盐，加入 A 腌制后放入耐热容器中。将大葱丝、胡萝卜丝和青椒丝铺满青花鱼，覆上保鲜膜后放入微波炉加热 3~4 分钟蒸熟。

将蒸出来的汤汁倒入碗中并与黑醋混合，浇在蒸好的鱼肉上即可。

恺撒风味绿色沙拉

147kcal

材料 (2人份)

球生菜 ···························· 2片
奶油生菜 ························· 2片
红彩椒 ························· 1/4个
口蘑 (焯水) ····················· 4朵

盐、粗磨黑胡椒粒 ········· 各少量
黑葡萄醋 ····················· 2小勺
温泉蛋 (市售) ·················· 2个
橄榄油 ························· 1大勺

*黑葡萄醋可以用普通食醋代替。温泉蛋可以用溏心蛋代替。

做法

将球生菜、奶油生菜撕成适口大小。口蘑切片，红彩椒切细丝。

将上述食材放入碗中，加入盐、黑胡椒粒和黑葡萄醋，充分搅拌均匀。盛入容器中，放上温泉蛋，最后淋上橄榄油即可。

在简单的沙拉中加入含有优质蛋白的温泉蛋。
在享用前打破温泉蛋，让蛋液浸润整个沙拉。

色彩鲜艳的蔬菜中富含具有抗衰老作用的植物营养素。可谓美肤绝佳菜肴。

法式烩杂菜

材料（方便制作的量）

红彩椒、黄彩椒	各1/2个
西葫芦	1/2根
长茄子	1/2根
洋葱	1/4个
大蒜	1小瓣
番茄	1个
橄榄油	1大勺
白葡萄酒醋	1大勺
盐、黑胡椒粉	各少量
百里香、罗勒（干的也可以）	各少量

做法

将红黄彩椒、西葫芦切成2cm见方的块状。将洋葱和大蒜切末，番茄切小丁。将茄子切成2cm见方的块状，撒上少许盐（食材分量外），用厨房纸巾将渗出的水分擦拭干净。

在锅里放入大蒜和橄榄油，开小火炒出香味后加入彩椒、西葫芦、茄子和洋葱。快速翻炒后，盖上锅盖用小火慢炖。

待蔬菜变软后加入番茄丁、白葡萄酒醋、盐、黑胡椒粉、百里香、罗勒，再炖3~4分钟。装盘后用百里香和罗勒装饰。

被称作"可以喝的沙拉"。
加入少许面包粉，提升浓稠度，口感更好！

58kcal

西班牙冷汤

材料 (2人份)

番茄 ································ 2个
黄瓜 ····························· 1/4根
西芹 ····························· 1/4根

A ┌ 面包粉 ······················ 1大勺
　├ 白葡萄酒醋 ················· 2小勺
　└ 盐、黑胡椒粉 ··············· 各少量
欧芹 (切末) ····················· 适量
橄榄油 ·························· 适量

做法

将番茄、黄瓜切成适口的大小。去掉西芹的叶子，将茎切成适口的大小。

将1和A放入搅拌机中搅拌。搅拌好后倒入容器中，撒上欧芹碎，淋上橄榄油。

茴香籽用油炒一下更能激发出香味。这是一道能够充分摄取具有美肤效果的维生素A、维生素C和维生素E的沙拉。

85kcal

小茴香风味胡萝卜橙子沙拉

材料（2人份）

胡萝卜 ·························· 1/2根
橙子 ···························· 1个

A
┌ 白砂糖 ················· 1/2小勺
│ 盐 ······················· 1/5小勺
│ 黑胡椒粉 ···················· 少量
└ 白葡萄酒醋 ················ 2小勺

橄榄油 ························ 2小勺
茴香籽 ······················ 1/5小勺
芝麻菜 ························ 适量

做法

将胡萝卜斜切成薄片，然后切丝。橙子去皮后只留下果肉。

在平底锅中放入橄榄油和茴香籽，用小火稍稍炒一会儿。待激发出香味后和A一起放入碗中，搅拌均匀，再加入1。最后将食材放入铺好了芝麻菜的餐具中。

香料食谱的代表选手——咖喱。
用含糖量少的食材制成，减少AGEs的生成。
不搭配米饭也很美味！

205kcal

咖喱鸡肉汤

材料（2人份）

鸡腿肉 ·························· 1/2块

A ┌ 盐、黑胡椒粉 ·········· 各少量
　│ 姜黄 ··················· 1/4小勺
　└ 酸奶 ····················· 2大勺

洋葱 ···························· 1/2个

大蒜 ······························ 1瓣

秋葵 ······························ 2根

橄榄油 ··························· 1大勺

茴香籽 ························ 1/2小勺

咖喱粉 ··························· 1小勺

浓汤块 ··························· 1小勺

盐、黑胡椒粉 ················· 各少量

做法

将鸡腿肉切成适口大小，用A腌制鸡腿肉。

将洋葱切丝，大蒜切末。用盐轻搓秋葵去除绒毛，焯水后切成小块。

在锅中放入橄榄油和茴香籽，小火炒香后加入蒜末、洋葱丝，直至将洋葱炒软。

加入1后继续翻炒，炒至鸡腿肉颜色变白后加入咖喱粉。加入2杯水和浓汤块，一边煮一边撇去浮沫。待鸡肉煮软后，加入盐和黑胡椒粉调味，最后加入秋葵。

豆子和香草是绝佳搭配。
加入大蒜和芥末，抗糖食材
强强联手的美肤小菜。

73kcal

腌泡香草混合豆

材料（2人份）

混合豆 ·························· 1袋
黄瓜 ···················· 1/2根
盐 ························· 少量
马郁兰（或牛至）········ 少量

A ⎡ 蒜泥 ··················· 少量
  ⎢ 颗粒芥末 ············ 2小勺
  ⎢ 白葡萄酒醋 ········· 1小勺
  ⎣ 橄榄油 ············· 1小勺

做法

黄瓜切成小丁，撒上盐腌制一小会儿，然后用厨房纸巾将腌制出来的水擦干。

在碗中放入1、混合豆、马郁兰，加入A搅拌均匀。

三文鱼中含有丰富的抗衰老成分和虾青素。
搭配高效抗糖的迷迭香，意式风味满满。

184kcal

香草烤三文鱼

材料（2人份）

三文鱼	2块	芦笋	2根
盐、黑胡椒粉	各少量	橄榄油	1大勺
小番茄	6颗	迷迭香、百里香	各1枝
西芹	1/2根	柠檬（切块）	2瓣

做法

将三文鱼切成适口大小，撒上盐和黑胡椒粉。

将小番茄对半切开。西芹、芦笋斜切成片。

铺上双层锡箔纸，将1、2、迷迭香、百里香放在锡箔纸上，淋上橄榄油，将锡箔纸封口，放入烤箱180℃烤10分钟左右。装盘后可根据个人口味挤上柠檬汁。

适合搭配白葡萄酒的美肤小菜

打造美丽肌肤的清爽小菜。优质蛋白质的组合。
毛豆富含皂角苷和膳食纤维，具有良好的减脂效果。

165kcal

鸡肉毛豆沙拉

材料（2人份）

鸡胸肉 ························ 3块
毛豆（带壳）················ 200g
盐、黑胡椒粉 ··············· 各适量

牛至 ······················· 少量
白葡萄酒 ··················· 1大勺
橄榄油 ····················· 1小勺

做法

将鸡胸肉片开，撒上少量盐和黑胡椒粉。在水中加盐，将毛豆煮熟
后剥壳取出豆子。

将鸡胸肉盛入耐热容器内，放入牛至，淋上白葡萄酒。用保鲜膜盖
住，放入微波炉中加热2分钟左右，用余热继续焖蒸。待冷却后，
将鸡胸肉撕成容易入口的大小。

将毛豆放入2中蒸出来的汤汁中，加入少量盐和黑胡椒粉，淋入橄
榄油，和鸡胸肉一起搅拌均匀。

126

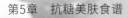

虾、蟹、贝类是不会提升AGEs值的食材。
搭配低糖且富含膳食纤维的西芹，焖煮后风味绝佳。

126kcal

西芹焖海鲜

材料（2人份）

虾	10只	盐、黑胡椒粉	各少量
花蛤（带壳）	200g	料酒	1大勺
西芹	1/2根	芝麻油	2小勺
生姜	1/2块	香菜	适量

做法

虾去头，剥壳，去掉虾线。花蛤吐沙，清洗干净。西芹切薄片，生姜切末。

在平底锅内铺上虾和花蛤，放入西芹和生姜末。撒上盐和黑胡椒粉，淋上料酒和芝麻油，盖上锅盖，大火焖煮。

待花蛤开口后，打开锅盖让酒精蒸发。装盘，撒上切好的香菜。

牛油果是低糖食材!
酱油既能调味又能抗糖,
让金枪鱼的美味更上一层楼!

132kcal

酱油拌金枪鱼牛油果

材料（2人份）

金枪鱼 ························· 100g
牛油果 ························· 1/2个
生姜泥 ························· 1/2大勺
酱油 ························· 1/2大勺

做法

将金枪鱼和牛油果切成小块。

将所有材料放入碗中，搅拌均匀。

红葡萄酒与红肉、芝士最配！
生一点的肉和芝士的AGEs含量更低。

390kcal

马苏里拉奶酪盖炙烤生牛肉

材料 (2人份)

牛里脊 ………… 300g	罗勒叶 ………… 1根
马苏里拉奶酪 ………… 50g	A ┌ 盐、黑胡椒粉 ………… 各少量
盐 ………… 1/3小勺	├ 黑葡萄醋 ………… 1~2小勺
黑胡椒粉 ………… 少量	└ 橄榄油 ………… 2小勺
橄榄油 ………… 1小勺	

做法

将牛里脊放至常温，抹上盐和黑胡椒粉，放置10分钟后用厨房纸巾擦拭掉水分。将马苏里拉奶酪切成薄片。

在平底锅中倒入橄榄油，开大火加热，牛里脊的每一面各煎1分钟，盖上盖后小火焖5分钟。牛里脊煎好后用锡箔纸包裹，利用余热再加热一小会儿。

将牛里脊切成薄片，铺上马苏里拉奶酪以及撕碎的罗勒叶，最后淋上A。

129

美肤小甜点

酸奶富含的B族维生素，能够促进新陈代谢。
搭配抗糖效果显著的美肤水果蓝莓，效果更佳。

110kcal

酸奶慕斯

材料（4人份）

原味酸奶	1杯	柠檬汁	2大勺
明胶（粉）	10g	蓝莓	20颗
白砂糖	30g	莳萝	少量
牛奶	1杯		

做法

在滤网篮里铺上厨房纸巾，放入原味酸奶，在冰箱中冷藏一晚上控
干水分。将明胶放入耐热容器中，加入3大勺水，在微波炉中加热
20秒左右使其融化。

在碗中放入控干水分的酸奶、白砂糖、牛奶、柠檬汁，用打蛋器打
至其变顺滑。加入融化好的明胶，放入冰箱中冷藏3~4小时使其凝
固。最后放上蓝莓和莳萝。

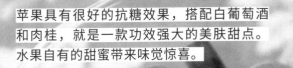

苹果具有很好的抗糖效果，搭配白葡萄酒和肉桂，就是一款功效强大的美肤甜点。水果自有的甜蜜带来味觉惊喜。

50kcal

肉桂煮苹果

材料(4人份)

苹果 ························· 1个

葡萄干 ······················ 2大勺

柠檬汁 ······················ 1大勺

白葡萄酒 ····················· 1大勺

肉桂 ························· 1根

做法

苹果带皮切成半月形。将所有材料放入到耐热容器中，尽量铺平。

先用保鲜膜紧紧盖住所有食材。再轻轻盖一层保鲜膜，放入微波炉中加热5分钟。冷却后直接食用即可。

混合了多种水果的意大利甜点。水果中富含的维生素C能够抑制AGEs的生成，富含的酵素能够促进排毒、提高代谢。

57kcal

马其顿水果沙拉

材料（4人份）

苹果 ························· 1/2个
猕猴桃 ······················· 1个
橙子 ························· 1个

蜂蜜 ························· 1大勺
柠檬汁 ··············· 1个柠檬的量
迷迭香 ······················· 1枝

做法

将苹果、猕猴桃十字切开。橙子一半去皮取出果肉，另一半用来榨汁。

将所有食材放入碗中，搅拌均匀即可。

巧妙利用橙子的清甜，将白砂糖的用量降到最少。
这种清甜是自制才有的风味。
不管是刚刚出炉，还是冷冻之后，都很美味。

95kcal

橙子布丁

材料 (2人份)

橙子 (果肉) ················ 100g		白砂糖 ················ 25g	
	鸡蛋 ················ 1个	面粉 ················ 15g	
A	牛奶 ················ 1/2杯	色拉油 ················ 少量	
	橙汁 ················ 1/4杯	欧芹 ················ 适量	

做法

在碗中将A混合搅拌。在另一个碗中放入白砂糖，将搅拌后的A一点一点地加入，再充分搅拌。

先将面粉过筛，然后一点一点地加入1中，搅拌成没有面疙瘩的糊状。

在薄涂了一层色拉油的耐热容器中铺上橙子，倒入2，放进微波炉中加热3~4分钟。用勺子舀到盘子中，最后放上欧芹点缀。

微波炉就能制作的温泉蛋，能够治愈早晨忙碌的你。
这个食谱不会提高AGEs值。
面包和海苔搭配在一起，美味加倍！

276kcal

温泉蛋生菜沙拉&
海苔芝士三明治

材料 (2人份)

鸡蛋 ·························· 2个
球生菜 ························ 2片
盐、黑胡椒粉 ················ 各少量
黑葡萄醋、橄榄油 ········ 各1小勺

小番茄 ······················ 6颗
吐司面包 ···················· 4片
烤海苔 ······················ 2片
芝士片 ······················ 2片
盐、黑胡椒粉 ················ 各少量

做法

温泉蛋要一个一个地制作。打一个鸡蛋至耐热容器中，加水直到盖住鸡蛋，用牙签给蛋黄开一个小口。用微波炉加热1分钟，用漏勺捞出，沥去水分。

将球生菜切细丝，一半放入盘子中，然后将1放在生菜上，撒上盐和黑胡椒粉，淋上一半的黑葡萄醋和橄榄油，放入3颗小番茄。按照同样步骤再做一份。

将海苔、芝士夹在吐司面包片之间，切成适口大小。

将做好的芝士三明治放到沙拉旁边，摆盘。

用吐司面包做的开放式三明治
也能带来大大的满足!
加上橙子补充维生素C。

269kcal

开放式鸡蛋三明治

材料 (2人份)

水煮蛋 ···················· 2个
黄瓜 ···················· 1/2根
吐司面包 ···················· 4片

A ［ 蛋黄酱 ···················· 1大勺
   ［ 颗粒芥末 ···················· 2小勺
奶油生菜 ···················· 1片
橙子 ···················· 1/2个

做法

将煮鸡蛋切片,黄瓜斜切成薄片。

在 2 片吐司面包上涂抹混合后的 A,放在盘子上。将 1 和奶油生菜一起装盘。按照同样步骤再制作一份。

将橙子切成四等份,在两个盘子中分别放置 2 片。吃的时候,可以将鸡蛋和蔬菜放在面包上一起享用。

洋甘菊有着苹果般的清香，具有抗糖作用，还有安眠的效果，因此推荐睡前饮用。

豆浆能够全方面守护女性的美。再加上具有抗糖作用的肉桂，效果加倍！

洋甘菊奶茶

72kcal

材料 (2人份)

洋甘菊 (茶包) ·························· 1袋
牛奶 ··································· 1杯

做法

在锅中放入洋甘菊，加入牛奶和1/2杯水，加热煮开。

豆浆卡布奇诺

50kcal

材料 (2人份)

豆浆 ·································· 1杯
黑咖啡 ······························ 1/2杯
肉桂粉 ······························· 少量

做法

在锅中加入豆浆、咖啡，中火加热。

倒入杯中，撒上肉桂粉。

玫瑰果水果茶

16kcal

材料 (2人份)

玫瑰果茶 ·························· 1杯半
苹果 ····························· 1/8个
橙子 ····························· 1/4个

做法

苹果带皮切成薄片，橙子
去皮。

在杯子中或者壶中放入切
好的苹果和橙子，再倒
入玫瑰果茶。

玫瑰果和水果都含有丰富的
维生素C！这是抗糖、抗氧化
一举两得的美肤茶。

抗糖混合果汁

82kcal

材料 (2人份)

橙子 ····························· 1个
苹果 ····························· 1/2个
蓝莓 ····························· 100g

做法

橙子去皮分成小瓣，苹果
带皮切成小块。

将所有食材放入榨汁机中，
榨成汁。

加入了在美容界因抗糖功能
而备受瞩目的蓝莓！不添加
白砂糖等甜味调料，只保留
水果自然的清甜。

137

结　语

　　本书主要是关于AGEs方面的研究，内容也许会有点晦涩，但由衷地感谢各位读者还是看到了最后。如果你能将本书的内容付诸实践，想必一定能够拥有美丽动人的肌肤。

　　我是专门研究糖尿病的医生，不是皮肤科的医生。但是这38年来，我一直把研究导致糖尿病及其并发症以及人体老化的AGEs当成我毕生的事业，并且也取得了不少成果。

　　肌肤老化的原因在医学上已经完全揭晓了。身体的老化和肌肤的老化都是同一个原因导致的。肌肤的问题只靠表层的护理是不会取得效果的。只有从身体内部开始调养、护理，才能拥有美丽的肌肤。

　　拥有美丽的肌肤，几乎是所有女性的追求。作为抗衰老研究方面的专家，能让读者收获美丽的肌肤，是我无上的荣幸。

　　最后，我还想补充一点。我希望本书的读者不仅能拥有美丽的肌肤，更能够成为闪闪发光的成熟女性。

我因为经常参加各种学术研讨会，到访过全世界很多个城市。不论在哪个国家、哪个城市，对于成熟美丽的女性，人们总是会投以尊敬且崇拜的目光。而现在的日本，大家反而会一味地追捧年轻化、物质化的美。但其实在全世界范围内，大家都认同，女性真正的美，是随着岁月的积累而逐渐展现出来的。

　　随着年龄的增长，阅历也会变得更加丰富，真正优秀、成熟的女性不会惧怕年龄的增长，任何时候，都有成为更好的自己的勇气与智慧。因此，我坚信，拥有美丽肌肤的女性身上潜藏着无限的可能性。

　　现在开始也绝对不晚！让我们呵护好自己的肌肤，成为闪闪发光的魅力女性吧！

牧田善二

图书在版编目（CIP）数据

抗糖美肤术 / （日）牧田善二著；曾妙妙译. -- 南京：江苏凤凰文艺出版社，2022.9(2024.4 重印)
ISBN 978-7-5594-7087-4

Ⅰ.①抗… Ⅱ.①牧… ②曾… Ⅲ.①皮肤 - 护理 - 基本知识②美容 - 食谱 Ⅳ.① TS974.1 ② TS972.161

中国版本图书馆 CIP 数据核字 (2022) 第 144734 号

版权局著作权登记号：图字 10-2022-172

医者が教える美肌術
© Zenji Makita 2019
Originally published in Japan by Shufunotomo Co., Ltd
Translation rights arranged with Shufunotomo Co., Ltd.
through FORTUNA Co., Ltd.

抗糖美肤术

[日] 牧田善二 著　　曾妙妙 译

责任编辑	王昕宁
特约编辑	周晓晗　王　瑶
责任印制	刘　巍
出版发行	江苏凤凰文艺出版社
	南京市中央路165号，邮编：210009
网　　址	http:// www.jswenyi.com
印　　刷	天津联城印刷有限公司
开　　本	880毫米×1230毫米　1/32
印　　张	5
字　　数	100千字
版　　次	2022年9月第1版
印　　次	2024年4月第2次印刷
书　　号	ISBN 978-7-5594-7087-4
定　　价	52.00元

江苏凤凰文艺版图书凡印刷、装订错误，可向出版社调换，联系电话025- 83280257

快读·慢活®

《护肤全书》

避开误区，精准护肤，打造"冻龄"美肌!

　　明星同款，火爆全网! 全新修订版护肤宝典! 来自医学博士、日本皮肤科专家的陪伴型护肤全书，让你能轻松读懂，立刻实践。

　　本书为你提供针对每一天、每个月、每个季节的护肤小知识，1天1个，陪你度过一整年。除了干燥、敏感、皱纹、粉刺、松弛等常见护肤问题外，还涵盖早C晚A、美白祛斑、头发护理、半永久妆、微整形等与时俱进的护肤新理念，帮你避开误区，精准护肤，打造"冻龄"美肌。

快读·慢活®

《美女的习惯》

日本超模名校校长教你改变一些小习惯就能年轻 10 岁!

你知道吗? 年龄相同、体形相同, 习惯不同会让外貌看起来相差 10 岁!

想要保持年轻美丽, 并不需要投入大量的时间和金钱。只要将平常一些无意识的"显老习惯"变成"减龄习惯", 就能让人焕然一新, 重获年轻与美貌。

日本超模名校校长在书中传授大家 42 招变美小心机, 招招都能让你变得更年轻、更美丽: 滑手机的姿势、在办公室的坐姿、衣着打扮、用餐礼仪……不论是在他人面前 (动作、穿着、谈吐方面), 还是独处时光 (休闲、睡眠、心态方面), 每天一点点简单又有趣的小改变, 就能让你变身优雅的冻龄美女。

快读·慢活®

　　从出生到少女，到女人，再到成为妈妈，养育下一代，女性在每一个重要时期都需要知识、勇气与独立思考的能力。

　　"快读·慢活®"致力于陪伴女性终身成长，帮助新一代中国女性成长为更好的自己。从生活到职场，从美容护肤、运动健康到育儿、家庭教育、婚姻等各个维度，为中国女性提供全方位的知识支持，让生活更有趣，让育儿更轻松，让家庭生活更美好。